Band 19 · Juli 1983

7

isotopenpraxis

AKADEMIE-VERLAG

ISSN 0021–1915 Isotopenpraxis, Berlin 19 (1983) 7, 221–256

EVP 9,– M

An unsere Autoren

Die Zeitschrift veröffentlicht Beiträge zu folgenden Themen: Kontrolle und Analyse radioaktiver und stabiler Isotope, Anwendung radioaktiver und stabiler Isotope in allen Gebieten der Forschung und Technik, der Industrie, Landwirtschaft und Medizin, Herstellung radioaktiver und stabiler Isotope sowie von markierten Verbindungen, kernelektronische Geräte für die Isotopenanwendung (Dickenmesser, Dichtemesser u. ä.) Detektoren für isotopentechnische Arbeiten und den Strahlenschutz in Isotopenlaboratorien, Meßtechnik und Strahlenschutz, Dosimetrie in Isotopenlaboratorien, kerntechnische Geräte für die Isotopenanwendung (Beton, Bestrahlungsanlagen u. ä.), Strahlenchemie, Radiochemie, ökonomische und perspektivische Fragen, Fragen der Weiterbildung.

1. Aufnahme von Manuskripten

Zur Veröffentlichung angenommen werden nur druckreife, noch nicht anderweitig publizierte Beiträge in deutscher, englischer oder russischer Sprache zum Themenbereich der Zeitschrift und zwar

Originalarbeiten
Kurze Mitteilungen
Aus der Praxis
Zusammenfassende Berichte
Tagungsberichte
Informationen.

Sind der Beitrag oder Teile daraus bereits veröffentlicht oder ist eine anderweitige Veröffentlichung vorgesehen, so muß dies der Redaktion mit genauer Angabe der Zweitveröffentlichung mitgeteilt werden. Mit der Annahme des Manuskriptes behält sich der Verlag das Recht der Vervielfältigung, Verbreitung und Übersetzung innerhalb der gesetzlichen Schutzfrist vor. Auszugsweiser Nachdruck oder photomechanische u. a. Wiedergabe sind an eine schriftliche Genehmigung des Verlages gebunden. Manuskripte, Zeichnungen und Photos von veröffentlichten Arbeiten werden nur auf den besonderen und bis zum Zeitpunkt der Veröffentlichung mitgeteilten Wunsch des Autors zurückgesandt.
Bei der unverlangten Einreichung von Manuskripten wird empfohlen, eine Befürwortung eines der Herausgeber oder Redaktionsausschußmitglieder beizufügen.
Manuskripte sind einzureichen bei der Redaktion, 1080 Berlin, Leipziger Str. 3–4

2. Form der Manuskripte

Die Autoren werden gebeten:
2 Manuskripte, eines davon in Original-Maschinenschrift, einseitig und mit 2zeiligem Abstand einzureichen; gut leserliche Photokopien sind zulässig; auf dem 1. Blatt (unter Weglassung der Bezeichnung)
den Titel der Arbeit
Vorname-Initialen und Namen sämtlicher Autoren
gegebenenfalls die Institution, in der sie tätig sind
eine kurze Zusammenfassung der Arbeit von höchstens 15 Zeilen
Keywords in alphabetischer Reihenfolge und
als Fußnote die Anschrift der Institution anzugeben;
wenn möglich, auf gesonderten Blättern Namen, Titel der Arbeit und Zusammenfassung in den beiden anderen obengenannten Sprachen 2fach beizufügen;
Literaturhinweise (fortlaufend numeriert), Fußnoten, Tabellen, Abbildungen (in 2–3facher Veröffentlichungsgröße), Abbildungsunterschriften (getrennt von den Abbildungen mit Zeichenerklärungen, Quellenangaben, falls erforderlich, und gegebenenfalls mit einem Vermerk für besondere Wünsche bezüglich der Abbildungsgröße), private und Dienstanschrift der Verfasser mit akademischen Titeln und ausgeschriebenen Vornamen auf besonderen Blättern ans Ende des Manuskriptes zu stellen;
Wünsche für den Kolumnentitel (Seitenüberschrift) bekanntzugeben;
Absätze durch Einzüge von mindestens 3 Anschlägen kenntlich zu machen; die Maßeinheiten des SI-Systems ("Systeme International") zu verwenden; Korrekturen im Manuskript unmittelbar an der zu korrigierenden Stelle anzubringen;
Formeln deutlich lesbar und möglichst groß einzutragen;
Farbabbildungen und nachträgliche Änderungen oder Ergänzungen in Abbildungen zu vermeiden;
hervorzuhebende Textstellen zu unterstreichen, und zwar halbfetten Satz mit einer geraden schwarzen Linie, kursiven Satz (Schrägschrift) mit einer blauen Wellenlinie (alle Eigennamen). Sperrungen gestrichelt;
besondere Buchstaben durch farbige Unterstreichung zu kennzeichnen, und zwar Formelzeichen in

Griechisch-Kursiv (α, β, ...) rot,
Kursiv (A, B, ...) blau
halbfetter Kursiv (***A, B***, ...) 2 Linien blau (Vektoren),
halbfetter Grotesk (**A, B**, ...) 2 Linien violett (Tensoren);

bei Literaturangaben auf Vollständigkeit zu achten. In nachstehender Reihenfolge müssen angegeben sein:

a) bei *Zeitschriften*: Vorname-Initialen und Namen sämtlicher Autoren, Titel der Zeitschrift (nach „Periodica Chimica" oder möglichst wenig gekürzt), Bandnummer (unterstrichen), Jahreszahl (in Klammern), Heftnummer (nur bei Zeitschriften, die jedes Heft mit S. 1 beginnen) sowie die Seitenzahl, auf der die zitierte Arbeit beginnt.

b) Bei *Büchern*: Initialen der Vornamen und Name des Autors (Herausgeber werden durch den Zusatz „ed." gekennzeichnet), voll ausgeschriebener Titel des Buches in der Originalsprache, evtl. Bandnummer, voll ausgeschriebener Name des Verlages, Nummer der Auflage (außer der ersten), Erscheinungsort(e), Erscheinungsjahr (hier nicht in Klammern setzen!) und evtl. Kapitelnummer, Seitenzahl u. ä.

c) bei *Sammelbänden, Tagungsberichten*: Es soll zusätzlich der Titel des zitierten Beitrags angegeben werden. Die Seitenzahl muß unbedingt angegeben werden. Aus dem Zitat muß hervorgehen, ob es sich um einen Tagungssammelband oder um einen noch nicht veröffentlichten Vortrag handelt. Zwischen Tagungsort und Erscheinungsort des entsprechenden Tagungsberichts ist zu unterscheiden.

3. Korrekturen

Der Autor erhält zwei Umbruchabzüge, von denen einer möglichst schnell korrigiert an die Redaktion zurückgereicht werden soll. Auf Wunsch des Autors kann die Korrektur auch von der Redaktion gelesen werden.

Durch nachträgliche Manuskriptänderungen verursachte Korrekturkosten gehen, sofern sie 10% der Satzkosten übersteigen, zu Lasten des Autors.

Der Autor erhält 50 Sonderdrucke kostenlos. Weitere Sonderdrucke können bis zur Rückgabe der Korrekturabzüge auf Kosten des Autors bei der Redaktion bestellt werden.

Bezugsmöglichkeiten

ASMW

Bestellungen sind zu richten

- **in der DDR** an den Postzeitungsvertrieb unter Angabe der Kundennummer des Bestellenden oder an den AKADEMIE-VERLAG, DDR-1086 Berlin, Leipziger Straße 3–4, PF-Nr. 1233
- **im sozialistischen Ausland** an eine Buchhandlung für fremdsprachige Literatur oder an den zuständigen Postzeitungsvertrieb
- **in der BRD und Berlin(West)** an eine Buchhandlung oder an die Auslieferungsstelle KUNST UND WISSEN, Erich Bieber OHG, Wilhelmstraße 4–6, D-7000 Stuttgart 1
- **in den übrigen westeuropäischen Ländern** an eine Buchhandlung oder an die Auslieferungsstelle KUNST UND WISSEN, Erich Bieber GmbH, Dufourstraße 51, CH-8008 Zürich
- **im übrigen Ausland** an den Internationalen Buch- und Zeitschriftenhandel; den Buchexport, Volkseigener Außenhandelsbetrieb der Deutschen Demokratischen Republik, DDR-7010 Leipzig, Postfach 160; oder an den AKADEMIE-VERLAG, DDR-1086 Berlin, Leipziger Straße 3–4

Zeitschrift „Isotopenpraxis"

Herausgeber: Im Auftrag des Akademie-Verlages herausgegeben von Prof. Dr. Justus Mühlenpfordt
Verlag: Akademie-Verlag, DDR-1086 Berlin, Leipziger Straße 3–4, PF-Nr. 1233; Fernruf: 2236229; Telex-Nr.: 114420;
Bank: Staatsbank der DDR, Berlin, Kto.-Nr.: 6836-26-20712
Verantwortlich für den Inhalt des Heftes: Prof. Dr. H. Hübner, Leipzig
Anschrift der Redaktion (Fernruf Frau H. Schier: 6351177) der Zeitschrift Isotopenpraxis: Akademie-Verlag, DDR-1086 Berlin, Leipziger Str. 3–4, PF-Nr. 1233
Veröffentlicht unter der Lizenznummer 1527 des Presseamtes beim Vorsitzenden des Ministerrates der Deutschen Demokratischen Republik
Gesamtherstellung: VEB Druckerei „Thomas Müntzer", DDR-5820 Bad Langensalza
Erscheinungsweise: Die Zeitschrift „Isotopenpraxis" erscheint monatlich. Die 12 Hefte eines Jahrganges bilden einen Band. Bezugspreis je Band 180,– M zuzüglich Versandspesen Preis für die DDR 108,– M) Preis je Heft 15,– (Preis für die DDR 9,– M)
Bestellnummer dieses Heftes: 1079/19/7

AN (EDV) 12831

ISOTOPENPRAXIS

Band 19 (1983) Heft 7, S. 221–256

Redaktion und Verlag: Akademie-Verlag, Redaktion Isotopenpraxis, 1086 Berlin, Leipziger Straße 3–4

Inhaltsverzeichnis

Originalarbeiten

Contents

Articles

B. Ihme, E. Mäder, A. Mally

Erfahrungen bei der Ausarbeitung von Technologien zur strahlenchemischen Eigenschaftsmodifizierung textiler Materialien (*in Englisch*)

Isotopenpraxis **19** (1983) H. 7, S. 231 bis 234
4 Abb., – Tab., 3 Lit.

Die Modifizierung der bekleidungshygienischen Eigenschaften von textilen Flächengebilden aus Polyamid- und Polyesterfaserstoffen wurde untersucht.
Die Versuchsdurchführung erfolgte nach dem Prinzip der Simultanmethode und der Applizierung des Modifikators in flüssiger Phase. In Abhängigkeit von den Prozeßbedingungen erfolgt die Lokalisierung der Zweitkomponente – im gesamten Faserquerschnitt als Volumeneffekte (Modifizierung von Polyamidfaserstoffen mit Acrylsäure) –, in einer mehr oder weniger dicken Oberflächenschicht als partielle Volumeneffekte oder mantelförmig nur als Oberflächeneffekte (Modifizierung von Polyesterfaserstoffen mit Polyethylenglykolacrylat). Aus den Darlegungen wird ersichtlich, daß es sich bei der strahlenchemischen Modifizierung zur Erhöhung des Gebrauchswertes von textilen Flächengebilden um relativ komplizierte Textilveredlungsprozesse handelt, die zusätzliche Aufwendungen für Chemikalien, Anlagen, Arbeitskräfte und Energie erfordern.

K. Wagner, F. Brutschin, I. Ritter, T. Grätsch, H. Zimmermann, H. Borchert

Untersuchungen mit Hilfe der Radioisotopenmethode zur Herstellungstechnologie von Kohlenstoff- und Siliciumcarbid-Materialien (*in Englisch*)

Isotopenpraxis **19** (1983) H. 7, S. 234 bis 236
– Abb., 3 Tab., 7 Lit.

Es werden einige Beispiele der Anwendung von Radioisotopen im VEB Elektrokohle Lichtenberg vorgestellt. Die Methoden der Radiotracer- und der Autoradiographie haben sich als besonders wertvoll bei der Unterscheidung zwischen mehreren Komponenten des Kohlenstoffs oder des Siliziumcarbids ergeben, wie sie zur Verfolgung von Mahl-, Misch- und Transportprozessen benötigt werden. Ferner wurde die Neutronenaktivierungsanalyse bei der Bestimmung von Verunreinigungen in hochreinem Graphit eingesetzt.

D. Birnstein, M. L. Böttger, G. Carl, W. Höland, S. Niese, W. Vogel

Deuteronenaktivierungsanalytische Kohlenstoffbestimmung in Gläsern zur Herstellung von Glaskeramiken

Isotopenpraxis **19** (1983) H. 7, S. 236 bis 238
– Abb., – Tab., 19 Lit.

Spezialgläser des Systems $MgO - Al_2O_3 - SiO_2 - TiO_2$ werden zur Bildung von Ti^{3+}-Ionen, die die Kristallisationsneigung fördern, mit Zucker als Reduktionsmittel erschmolzen. Der im Glas auf diese Weise gebildete Kohlenstoffgehalt muß bekannt sein, da kolloidale C-Abscheidungen ihrerseits Einfluß auf die Keimbildung nehmen können. Die aktivierungsanalytische Kohlenstoffbestimmung über die Reaktion $^{12}C(d, n)^{13}N$, die ursprünglich zur C-Bestimmung im Halbleitersilizium entwickelt wurde, wurde durch Erarbeitung der Bedingungen für Vorreinigung, Bestrahlung und Aufarbeitung zur Untersuchung von Spezialgläsern angewendet. Die Meßergebnisse zeigen keinen Hinweis auf einen erhöhten Kohlenstoffgehalt.

W. Richter, D. Kahl, H.-J. Große, F. Gleisberg

Benutzung eines AIG-Analysators zur Untersuchung von SO_2-Dispersions-Problemen (*in Englisch*)

Isotopenpraxis **19** (1983) H. 7, S. 238 bis 240
6 Abb., – Tab., 10 Lit.

Zur Untersuchung der Schadstoffausbreitung von Hochschornsteinen (300 m Höhe, ca. 400 MJ/s Wärme-Emission des Rauchgases) moderner Großkraftwerke auf Kohlebasis erfolgten Flugzeugmessungen mit dem Doppeldecker AN-Z direkt in der Rauchfahne. Neben den meteorologischen Parametern wurden dabei SO_2 mit dem Aerosolionisationsgasanalysator AIG und CO_2 mit einem INFRALYT gemessen. Auf der Grundlage der Ergebnisse von mehr als 40 Flügen bei unterschiedlichsten meteorologischen Bedingungen wurden neue Berechnungsformeln für die Rauchfahnenüberhöhung und -obergrenze aufgestellt.

B. Ihme, E. Maeder, A. Mally

Problems in the Development of High-Energy Radiation Processing of Woven and Knitted Fabrics (*in English*)

Isotopenpraxis **19** (1983) No. 7, p. 231 to 234
4 Fig., – Tab., 3 Ref.

Modification of clothing-hygienic properties of polyamide and polyester planar structures was investigated. Experiments were done with the simultaneous procedure, applying the modificator in the liquid phase. Depending on the process conditions the localization of the second component takes place – within the whole cross-section of the fibre resulting in volume effects (modification of polyamide by acrylic acid) – within a more or less thick surface layer resulting in partial volume effects – or within a mantle resulting only in sulface effects (modification of polyester by polyethyleneglycolacrylate). The paper underlines the fact that the radiationchemical modification for the enlargement of the utility value of textile planar structures is a relatively complicated process of textile finishing with the need of additional application of chemicals, plants, workmen and energy.

K. Wagner, F. Brutschin, I. Ritter, T. Graetsch, H. Zimmermann, H. Borchert

Investigations by the Aid of Radioisotope Methods on the Technology of the Production of Carbon and Silicon Carbide Materials (*in English*)

Isotopenpraxis **19** (1983) No. 7, p. 234 to 236
– Fig., 3 Tab., 7 Ref.

Some examples of radioisotope application from the cooperation for many years between the VEB Elektrokohle Lichtenberg Berlin and the Academy of Sciences of the GDR are told. Radiotracer and autoradiographical methods have been very helpful for the distinction between several components of the carbon or silicon carbid materials in milling, mixing, transportation processes etc. Neutron activation analysis is used e.g. for the detection of impurities in pure graphite.

D. Birnstein, M. L. Boettger, G. Carl, W. Hoeland, S. Niese W. Vogel

Deuteron Activation of Carbon in Glasses for Preparation of Glass Ceramics

Isotopenpraxis **19** (1983) No. 7, p. 236 to 238
– Fig., – Tab., 19 Ref.

Special glasses of the system $MgO - Al_2O_3 - SiO_2 - TiO_2$ are founded on reducing conditions in the presence of sugar. The reducing conditions promote the forming of Ti^{3+}-ions and in this way the generating of crystals. The percentage of the carbon impurity should be known, because the precipitated colloid carbon can effect the nucleation too. Charged particle activation analysis according the reaction $^{12}C(d,n)^{13}N$ was applied to C-Determination. The specific conditions are taken in consideration regarding the precleaning, irradiation and separation of the glass material. There are no hints at residue of sugar in the test material.

W. Richter, D. Kahl, H.-J. Große, F. Gleisberg

The Use of an AIG-Analyzer for the Investigation of SO_2-Dispersion Problems (*in English*)

Isotopenpraxis **19** (1983) No. 7, p. 238 to 240
6 Fig., – Tab., 10 Ref.

Modern large coal-fired power plants of the GDR are built with 300 m chimneys. Investigations of the spreading of power plant plumes have been made in many countries, but not for sources with heat emission rates greater than 400 M J/s. In 1979 we started field experiments by means of an instrumental aircraft. On board the Interflug aircraft, a single engine AN-Z, an SO_2 gas analyzer (AIG) and a CO_2 analyzer (Infralyt) were installed to characterize the plume at discrete distances down wind. The results of more than 40 flights encompassing a wide range of meteorological conditions (2 – 20 m/s wind speed) were compared with theoretical values. By estimating the plume axis (effective source height) and σ-parameters new knowledge was obtained.

Isotopenpraxis 19 (1983) 7, S. 221–225

Versuche zum Nachweis des Doppel-Betazerfalls von ^{96}Zr und ^{94}Zr

K. Wetzel, S. Becker, H.-J. Dietze

(Zentralinstitut für Isotopen- und Strahlenforschung der Akademie der Wissenschaften der DDR, Leipzig)[1]

Die für den Nachweis des Doppel-Betazerfalls $^{96}\text{Zr} \xrightarrow{\beta\beta^-} {}^{96}\text{Mo}$ *bzw.* $^{94}\text{Zr} \xrightarrow{\beta\beta^-} {}^{94}\text{Mo}$ *mit Hilfe der geologischen Methode notwendigen Analysenschritte werden diskutiert. Dieser Nachweis ist an präkambrischen Zirkonen des Ostseeschwermineralsandes möglich, wenn entsprechend empfindliche massenspektrometrische Analysenmethoden zur Molybdän-Isotopenanalyse eingesetzt werden.*

Keywords

beta decay, isotopic analysis; mass spectrometry; molybdenum; zirconium 96, zirconium 94

Der Doppel-Betazerfall – die simultane Emission zweier β-Teilchen aus einem Kern – wurde von *Goeppert-Mayer* 1935 [1] vorausgesagt und von verschiedenen Autoren [2–8] experimentell bewiesen.

Der Doppel-Betazerfall ist immer dann wahrscheinlich, wenn der Zerfall eines Nuklids unter Emission eines β-Teilchens energetisch unmöglich oder hochverboten ist, aber der Doppel-Betazerfall energetisch erlaubt ist (z. B. $^{130}\text{Te} \xrightarrow{\beta\beta^-} {}^{130}\text{Xe}$, $^{128}\text{Te} \xrightarrow{\beta\beta^-} {}^{128}\text{Xe}$, $^{82}\text{Se} \xrightarrow{\beta\beta^-} {}^{82}\text{Kr}$, $^{48}\text{Ca} \xrightarrow{\beta\beta^-} {}^{48}\text{Ti}$, $^{124}\text{Sn} \xrightarrow{\beta\beta^-} {}^{124}\text{Te}$, $^{96}\text{Zr} \xrightarrow{\beta\beta^-} {}^{96}\text{Mo}$, $^{94}\text{Zr} \xrightarrow{\beta\beta^-} {}^{94}\text{Mo}$).

Die theoretisch erwarteten Halbwertszeiten des Doppel-Betazerfalls werden mit $\geqq 10^{15}$ a angegeben. Aufgrund dieser sehr großen Halbwertszeit scheiterten bisher alle Versuche, den Doppel-Betazerfall direkt nachzuweisen, also durch den Nachweis der simultan emittierten β-Teilchen, z. B. in Nebelkammern, in Kernemulsionen oder durch direkte Zählung mit Hilfe der Koinzidenztechnik [9, 10]. Eine zusammenfassende Darstellung der Theorie und experimentellen Arbeiten zum Doppel-Betazerfall ist bei *Rosen* und *Primakoff* [9] zu finden.

Versuche zum Nachweis des Doppel-Betazerfalls des ^{96}Zr wurden mittels der Koinzidenztechnik 1953 von *McCarthy* [11] und 1956 von *Awschalom* [12] durchgeführt, wobei die Halbwertszeit von ^{96}Zr aus dem background und der Nachweisempfindlichkeit der Analysenmethode mit $>5 \cdot 10^{17}$ a bzw. $>2 \cdot 10^{16}$ a abgeschätzt wurde.

Erfolgversprechender ist der Nachweis des Doppel-Betazerfalls über die geologische Methode. Hierbei werden die Produkte des Doppel-Betazerfalls mit Hilfe isotopenanalytischer Methoden untersucht. In sehr altem (präkambrischem) an Doppel-Betastrahlern reichem Probenmaterial hat sich während geologischer Zeiträume das Zerfallsprodukt (Tochternuklid) akkumuliert. Die infolge des Doppel-Betazerfalls hervorgerufene Isotopenanomalie des Tochterelementes kann so z. B. massenspektrometrisch über die Isotopenanalyse des Tochterelementes bestimmt werden. Der Nachweis des Doppel-Betazerfalls ist um so günstiger, je höher die Mutterelementkonzentration und die natürliche Häufigkeit des zerfallenden Isotops in dem untersuchten Mineral und je niedriger die Anfangskonzentration (akzessorischer Gehalt) des Tochterelements bei der Auskristallisation des Minerals und die natürliche Häufigkeit des Tochterisotops sind.

Während der Akkumulation des Tochternuklids im Mineral dürfen keine physikalischen Prozesse (z. B. Migration oder Diffusion) und chemische Reaktionen stattgefunden haben, die eine Veränderung der Konzentration und Isotopenzusammensetzung des Tochterelements bewirken. Die geologische Methode wurde bisher zur Messung der Halbwertszeiten solcher langlebigen Nuklide, bei denen das Tochternuklid des Doppel-Betazerfalls ein Edelgas ist, erfolgreich angewendet (z. B. $^{130}\text{Te} \xrightarrow{\beta\beta^-} {}^{130}\text{Xe}$, $^{128}\text{Te} \xrightarrow{\beta\beta^-} {}^{128}\text{Xe}$ und $^{82}\text{Se} \xrightarrow{\beta\beta^-} {}^{82}\text{Kr}$). In Tab. 1 werden diese drei Doppel-Betazerfälle mit dem $^{96}\text{Zr} \xrightarrow{\beta\beta^-} {}^{96}\text{Mo}$ bzw. $^{94}\text{Zr} \xrightarrow{\beta\beta^-} {}^{94}\text{Mo}$ Doppel-Betazerfall bezüglich der Isotopenhäufigkeiten von Tochter- und Mutternuklid, der Zerfallsenergie, der experimentell bestimmten und der theoretisch berechneten Halbwertszeiten verglichen.

Der Nachweis des Doppel-Betazerfalls von ^{130}Te, ^{128}Te und ^{82}Se wurde im wesentlichen dadurch begünstigt, daß die Produkte der Kernzerfälle Edelgase sind, deren Anfangskonzentrationen aufgrund hoher Temperaturen bei der Mineralisation sehr klein waren, und demzufolge konnte ein hoher radiogener Überschuß von ^{130}Xe, ^{128}Xe und ^{82}Kr in präkambrischen Tellur- bzw. Selenerzen gefunden werden [2–8]. Die Abtrennung der Edelgase aus den untersuchten Mineralen und deren Reinstdarstellung ist verhältnismäßig einfach. Außerdem sind die instrumentellen Voraussetzungen für einen hochempfindlichen Nachweis der Tochternuklide durch den Einsatz von im statischen Meßbetrieb arbeitenden Massenspektrometern gegeben, mit denen Isotopenanalysen an Edelgasmengen bis zu 10^{-14} cm³ STP durchgeführt werden können.

Demgegenüber ist der Nachweis des Doppel-Betazerfalls mit nicht gasförmigen Tochterelementen, also z. B. $^{96}\text{Zr} \xrightarrow{\beta\beta^-} {}^{96}\text{Mo}$ oder $^{94}\text{Zr} \xrightarrow{\beta\beta^-} {}^{94}\text{Mo}$, ungleich schwieriger, weil die Anfangskonzentration (akzessorischer Gehalt) des Molybdäns in jeder beliebigen Matrix nicht vernachlässigt werden kann. So übersteigt z. B. der akzessorische Molybdängehalt in den als Untersuchungsmaterial geeigneten präkambrischen Zirkonen den *Clarke*-Wert von 0,2 ppm Molybdän in Sedimenten um ein Mehrfaches. Dadurch wird der Nachweis der infolge des Doppel-Betazerfalls von ^{96}Zr

[1]) Anschrift: 7050 Leipzig, Permoserstr. 15

Tab. 1. Vergleich theoretischer und experimenteller Halbwertszeiten (HWZ) ausgewählter Doppel-Betazerfälle (DBZ)

DBZ	Häufigkeit d. Mutternuklids	Häufigkeit d. Tochternuklids	Zerfallsenergie MeV [13]	HWZ $\tau_{1/2}$, a (exp.)		HWZ $\tau_{1/2}$, a [13] (theor.)
$^{130}Te \xrightarrow{\beta\beta^-} {}^{130}Xe$	34,49%	4,078%	$2{,}543 \pm 0{,}008$	$10^{21,34 \pm 0,12}$ $10^{21,38 \pm 0,10}$ $(2{,}60 \pm 0{,}28) \cdot 10^{21}$	[3, 4] [5] [14]	a) $1{,}7 \cdot 10^{22 \pm 2}$ b) $2{,}1 \cdot 10^{15 \pm 2}$
$^{128}Te \xrightarrow{\beta\beta^-} {}^{128}Xe$	31,79%	1,927%	$0{,}872 \pm 0{,}007$	$10^{24,54 \pm 0,12}$	[6]	a) $7{,}8 \cdot 10^{26 \pm 2}$ b) $5{,}5 \cdot 10^{17 \pm 2}$
$^{82}Se \xrightarrow{\beta\beta^-} {}^{82}Kr$	9,19%	11,56%	$3{,}003 \pm 0{,}008$	$10^{20,14 \pm 0,10}$ $10^{20,42 \pm 0,14}$	[7] [8]	a) $5{,}6 \cdot 10^{21 \pm 2}$ b) $1{,}1 \cdot 10^{15 \pm 2}$
$^{96}Zr \xrightarrow{\beta\beta^-} {}^{96}Mo$	2,80%	16,53%	$3{,}364 \pm 0{,}005$	$> 5 \cdot 10^{17}$ $> 2 \cdot 10^{16}$	[11] [12]	a) $1{,}7 \cdot 10^{21 \pm 2}$ b) $5{,}1 \cdot 10^{14 \pm 2}$
$^{94}Zr \xrightarrow{\beta\beta^-} {}^{94}Mo$	17,40%	9,04%	$1{,}230 \pm 0{,}005$	—		a) $3{,}3 \cdot 10^{25 \pm 2}$ b) $1{,}2 \cdot 10^{17 \pm 2}$

a) Dirac-DBZ; b) Majorana-DBZ

bzw. ^{94}Zr hervorgerufenen Isotopenanomalien des Molybdäns wesentlich erschwert. Eine weitere Schwierigkeit besteht in der Abtrennung, Anreicherung und Reinstdarstellung eines festen Elementes aus einer hochkonzentrierten Matrix. Zur massenspektrometrischen Isotopenanalyse muß das Tochterelement vollständig vom Mutterelement abgetrennt werden. Das bedeutet für den Nachweis der Kernzerfälle von ^{96}Zr und ^{94}Zr in einer hochkonzentrierten Zirkonfraktion, in der das Zirkonium-Molybdän-Konzentrationsverhältnis $> 10^5$ beträgt, eine Umkehrung dieses Konzentrationsverhältnisses.

Probenauswahl und Probenvorbereitung

Für die Auswahl geeigneten Untersuchungsmaterials sind das Alter des Minerals und der akzessorische Molybdängehalt ausschlaggebend. Dementsprechend wurden an einer Anzahl Zirkonkonzentrate unterschiedlicher Herkunft Molybdänkonzentrations- und Altersbestimmungen durchgeführt.

Quantitative Molybdänbestimmung

Von den beiden zur Konzentrationsbestimmung des Molybdäns an Zirkonen eingesetzen spurenanalytischen Verfahren — der Neutronenaktivierungsanalyse mit Abtrennung des Molybdäns aus der Matrix und der Funkenquellen-Massenspektrographie ohne chemische Umarbeitung des Probenmaterials — erwies sich nur das letztere als eine brauchbare Analysenmethode zur Bestimmung von Molybdängehalten im ppm-Bereich, da die Neutronenaktivierungsanalyse infolge von Störreaktionen, die durch hohe Urangehalte von etwa 200 ppm in den Zirkonen hervorgerufen werden, falsche Analysenergebnisse liefert.

Zur massenspektrographischen Molybdänkonzentrationsbestimmung an Zirkonen wurden zwei verschiedene Verfahren eingesetzt: die übliche Funkenquellen-Massenspektrographie als Methode zur Übersichtsanalyse aller im Probenmaterial enthaltenen Elemente und die Isotopenverdünnungsanalyse mit Funkenionisation als eine selektive und präzise Analysenmethode zur Bestimmung von Molybdänkonzentrationen im ppm-Bereich.

Die Messungen wurden mit einem doppelfokussierenden Massenspektrographen (MX 3301, SKB Leningrad) und einem in [15] beschriebenen Analysenverfahren durchgeführt. Von den untersuchten Probenmaterialien erwies sich Ostseezirkon als günstigstes Untersuchungsmaterial. Dieser ursprünglich vom präkambrischen Baltischen Schild stammende und aus den rezenten Schwermineralseifen des Ostseestrandes gewonnene Zirkon (99% $ZrSiO_4$) besitzt einen Molybdängehalt von 10 ± 2 ppm. Dagegen kam ein aus Graniten des Ukrainischen Schildes ausgelesenes präkambrisches Zirkonkonzentrat wegen seines hohen Molybdängehaltes von 42 ppm nicht in Betracht.

Bei einer aus dem Ostseezirkonkonzentrat ausgelesenen Fraktion dunkler Zirkone konnte ein Molybdängehalt von ca. 60 ppm massenspektrographisch bestimmt werden. Durch Abtrennung der dunklen Zirkone läßt sich somit eine Zirkonprobe mit geringerem Molybdängehalt gewinnen. Eine weitere Möglichkeit zur Senkung des akzessorischen Molybdängehalts besteht darin, daß die an der Oberfläche adsorbierten akzessorischen Molybdänspuren mit Flußsäure gelöst werden. Dadurch konnte der Molybdängehalt der ursprünglichen Probe von 10 ppm auf 8 ± 2 ppm gesenkt werden. Die radiogenen ^{96}Mo-Atome, die im Kristallgitter des Zirkons eingeschlossen bzw. fest gebunden sind, werden durch kalte Flußsäure nicht gelöst.

Altersbestimmung des Zirkons

Die Zirkone des Schwermineralsandes des Ostseestrandes sind Mischzirkone, deren Alter auf $0{,}9 \cdot 10^9$ a bis $3{,}5 \cdot 10^9$ a geschätzt wird. Eine geologische Altersbestimmung der Zirkone des Baltischen Schildes wurde von *Vinogradow* et al. [16] durchgeführt.

Zur Altersbestimmung des ausgewählten Ostseezirkons wurden zwei Methoden der physikalischen Geochronologie eingesetzt, die Pb-Pb-Methode und die U-Pb-Methode. Beide Methoden sind geeignete Altersbestimmungsverfahren für präkambrische Zirkone [16, 17], wobei im allgemeinen die folgende Sequenz der über die verschiedenen Methoden bestimmten Alter gefunden wird

$$t\frac{^{207}Pb}{^{206}Pb} > t\frac{^{207}Pb}{^{235}U} > t\frac{^{206}Pb}{^{238}U}$$

Tab. 2. Alter des Ostseezirkons

Probe	Methode		
	$^{207}Pb/^{206}Pb$	$^{206}Pb/^{238}U$	$^{207}Pb/^{235}U$
1	$1{,}560 \cdot 10^9$ a	$1{,}095 \cdot 10^9$ a	$1{,}255 \cdot 10^9$ a
2	$1{,}500 \cdot 10^9$ a	$1{,}400 \cdot 10^9$ a	$1{,}440 \cdot 10^9$ a

Wenn der radiogene Bleianteil nicht zu klein und die Kontamination mit Blei natürlicher Isotopenzusammensetzung innerhalb des Meßfehlers liegt, wird dem Pb-Pb-Alter der Vorzug gegeben.

Die Ergebnisse der Altersbestimmung, die vom Institut für Geochemie und Analytische Chemie, Moskau (Probe 1), und vom Geologischen Institut der Bergakademie Freiberg (Probe 2) ausgeführt wurden, sind in Tab. 2 zusammengefaßt.

Aufgrund dieser Ergebnisse kann man ein Alter des Ostseezirkons von $\approx 1{,}5 \cdot 10^9$ a annehmen.

Verfahren zur Abtrennung des Molybdäns aus der Zirkonmatrix

Für die Gewinnung des Molybdäns ist ein vollständiger Aufschluß des Zirkons erforderlich. Dabei ist der Aufschluß des Zirkons im Chlorstrom bei hohen Temperaturen dem üblichen naßchemischen Aufschluß (z. B. mit HF/H_2SO_4) vorzuziehen, weil synchron mit dem Chlorierungsaufschluß über die fraktionierte Kondensation der Chlorid- bzw. Oxychloriddämpfe eine grobe Trennung des Molybdäns vom Zirkonium erreicht werden kann. Da für die Abtrennung des Molybdäns über die Gasphase weniger Umarbeitungsschritte notwendig sind, verringert sich auch die Kontamination des Probenmaterials mit Molybdän aus den verwendeten Reagenzien. Um Kontaminationen mit Molybdän bei der Probenchemie zu vermeiden, muß die Molybdänfreiheit der Reagenzien gewährleistet sein. Die Blindwertkontrolle der Chemikalien wird mit Hilfe der hochempfindlichen Thermionisations-Massenspektrometrie durchgeführt.

Das Ausgangsmineral Zirkon im Gemisch mit Reinstgraphit (Typ RWS Ringsdorff) wird bei der Probenaufbereitung in einer Quarzapparatur bei 1300 K [18] chloriert. In einem sich am Aufschlußrohr anschließenden mit Quarzwolle locker gefüllten Kondensationsrohr, in dem sich ein Temperaturgefälle von 670 bis 350 K einstellt, kondensieren die Chlorierungsprodukte des Zirkons und Molybdäns.

Die Lage der molybdänreichsten Fraktion im Kondensationsrohr wird dabei in Tracerversuchen mit ^{99}Mo ($\tau_{1/2} = 67$ h) bestimmt. Von den für eine weitere Zirkon-Molybdän-Trennung in Frage kommenden Methoden (z. B. Ionenaustausch, Extraktion [19]) wird einem Extraktionsverfahren wegen der geringeren Kontaminationsgefahr mit Molybdän der Vorzug gegeben.

Die über die fraktionierte Kondensation der Chlorierungsprodukte des Zirkons gewonnene Molybdänfraktion wird in 7 N HCl aufgenommen und durch mehrmalige Extraktion mit Methylisobutylketon (Rückextraktion mit bidestilliertem Wasser) vom Zirkonium und anderen Spurenverunreinigungen getrennt. Das Trennverfahren wurde mit Ostseezirkon getestet und unter Zugabe von ^{99}Mo bzw. ^{95}Zr ($\tau_{1/2} = 64$ d) zum Ausgangsmaterial optimiert.

Massenspektrometrische Isotopenanalyse des Molybdäns

Für die Untersuchungen zum Doppel-Betazerfall des ^{96}Zr bzw. ^{94}Zr über die Isotopenanalyse des Molybdäns wurde ein massenspektrometrisches Analysenverfahren mit thermischer Oberflächenionisation [20, 21] erarbeitet, dessen Leistungsfähigkeit an drei Molybdänmineralen erprobt wurde [21].

Während an idealen Molybdänproben (specpur MoO_3) über das in [21] beschriebene Verfahren Isotopenanalysen des Molybdäns an µg-Probenmengen mit einer externen Reproduzierbarkeit von 1‰ (CH 6 — TH Varian MAT, Bremen) durchführbar sind, werden die Isotopenhäufigkeitsverhältnisse des Molybdäns bei den untersuchten Mineralen mit einer externen Reproduzierbarkeit von 3 bis 6‰ erhalten. Vergleichsmessungen am Nachfolgegerät des CH 6-TH, dem TH 5, ergaben, daß man zwar die eingesetzte Probenmenge von 0,1 µg auf 0,05 µg Molybdän senken kann, aber der Meßfehler der Isotopenanalyse des Molybdäns etwa in der gleichen Größenordnung liegt.

Im folgenden werden der zu erwartende Meßeffekt bei der Molybdän-Isotopenanalyse und die erforderliche Meßgenauigkeit für den Nachweis des Doppel-Betazerfalls von ^{96}Zr bzw. ^{94}Zr abgeschätzt.

Bei der Untersuchung des Zirkonmaterials muß die mögliche Überlagerung des Isotopieeffekts — hervorgerufen durch den Doppel-Betazerfall — mit Feinvariationen der Isotopenhäufigkeiten des Molybdäns in der Natur infolge physikalischer und chemischer Prozesse und mit „Laborfraktionierungseffekten" bei der Probenchemie und massenspektrometrischen Messung berücksichtigt werden. Der Nachweis des Doppel-Betazerfalls wird nur gelingen, wenn die letzten zwei Isotopieeffekte exakt bestimmt und eliminiert werden.

Die durch „Laborfraktionierung" hervorgerufene Änderung der Molybdänisotopenhäufigkeiten [22, 23] kann mit Hilfe der „double spike"-Methode [24, 22, 25] untersucht werden. Hierbei wird der Probe eine bekannte Isotopenmischung aus $M^{92}o$ und ^{100}Mo zugesetzt, und über die Isotopenanalyse dieser Mischung wird die systematische Diskriminierung während der Isotopenanalyse und probenchemischen Umarbeitung bestimmt. Dabei muß die zugesetzte Tracermischung frei von ^{96}Mo und ^{94}Mo sein.

Die erstgenannte Fehlerquelle, die natürlichen Feinvariationen des Molybdäns, kann korrigiert werden, wenn die Ergebnisse der Molybdänisotopenanalyse am Zirkon mit denen eines geeigneten syngenetischen zirkoniumarmen Schwerminerals verglichen werden. Unter der Voraussetzung, daß in beiden Mineralen die gleichen natürlichen Isotopenfraktionierungen stattgefunden haben, kann erwartet werden, daß sich die Isotopenhäufigkeiten nur für die Isotope ^{96}Mo und ^{94}Mo unterscheiden. Eine solche Isotopenanomalie ist dann signifikant bestimmt, wenn die Differenz der ^{96}Mo- bzw. ^{94}Mo-Isotopenhäufigkeiten des Zirkons und des Vergleichsminerals mindestens das 10fache des Fehlers für die Bestimmung der Isotopenhäufigkeiten (externe Reproduzierbarkeit) beträgt.

Aus dem experimentell bestimmten Alter des Ostseezirkons von ca. $1{,}5 \cdot 10^9$ a kann über das radioaktive Zerfallsgesetz der radiogene ^{96}Mo- bzw. ^{94}Mo-Anteil berechnet werden.

Abb. 1 zeigt den Zusammenhang zwischen dem akzessorischen Molybdängehalt, der Halbwertszeit des Doppel-Betazerfalls und dem Meßeffekt der Molybdän-Isotopenhäufigkeiten.

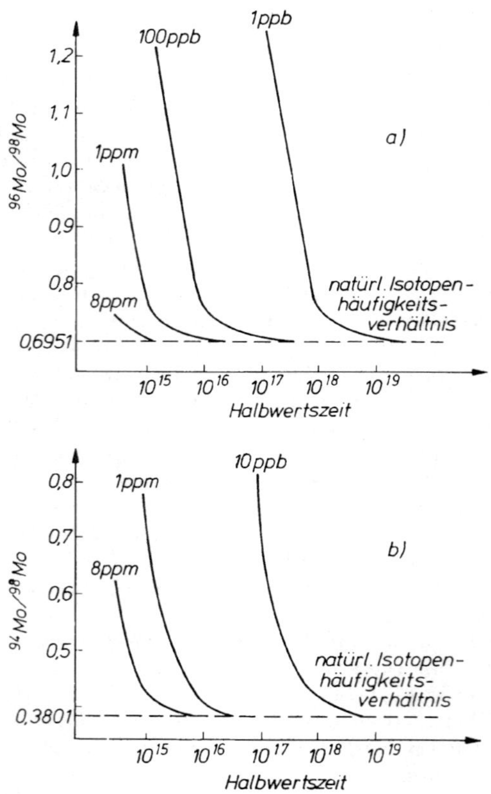

Abb. 1. Zusammenhang zwischen dem akzessorischen Molybdängehalt, der Halbwertszeit des Doppel-Betazerfalls und dem Meßeffekt der Molybdänisotopenhäufigkeiten

So ergibt sich z. B. für den $^{96}Zr \xrightarrow{\beta\beta^-} {}^{96}Mo$-Zerfall bei einem akzessorischen Molybdängehalt von 8 ppm (unter der Annahme, daß die Halbwertszeit 10^{16} a beträgt, woraus sich ein radiogener ^{96}Mo-Anteil von 1,5 ppb ergibt) eine Änderung des natürlichen $^{96}Mo/^{98}Mo$-Verhältnisses von 0,6951 auf 0,6958. Damit ändert sich die natürliche Häufigkeit des ^{96}Mo-Isotops von 16,53% auf 16,55% (relative Änderung 1,2‰). Um derartig kleine Isotopenvariationen als signifikant zu erhalten, müssen die massenspektrometrischen Messungen mit externen Reproduzierbarkeiten $<0{,}1$‰ durchführbar sein.

Aus Abb. 1 ist weiterhin zu erkennen, welche dominierende Größe für den Nachweis des Doppel-Betazerfalls der akzessorische Molybdängehalt des Probenmaterials darstellt. Geht man davon aus, daß sich mit den heute zur Verfügung stehenden modernsten computergesteuerten Massenspektrometern (z. B. ISOMASS 54, MAT 261) Isotopenanalysen an ng-Probenmengen mit Standardabweichungen $<0{,}1$‰ durchführen lassen, so wird z. B. bei Probenmaterial mit einem akzessorischen Molybdängehalt von 1 ppm die Halbwertszeit des ^{96}Zr bis zu $\approx 10^{17}$ a und bei einem Molybdängehalt von 1 ppb bis zu $\approx 10^{20}$ a massenspektrometrisch bestimmbar sein.

Für den Doppel-Betazerfall des ^{94}Zr wird theoretisch wegen seiner relativ geringen Zerfallsenergie von 1,23 MeV eine um drei bis vier Größenordnungen höhere Halbwertszeit (Tab. 1) vorausgesagt. Obwohl bei diesem Kernzerfall Mutter- und Tochternuklid ein günstigeres natürliches Isotopenhäufigkeitsverhältnis aufweisen, sind die Anforderungen an die Reproduzierbarkeit beim Nachweis des Doppel-Betazerfalls von ^{94}Zr um zwei bis drei Größenordnungen höher als beim Nachweis des Doppel-Betazerfalls von ^{96}Zr.

Zusammenfassung und Schlußfolgerungen

Für die Untersuchungen zum Doppel-Betazerfall von ^{96}Zr bzw. ^{94}Zr steht ein präkambrisches Zirkonkonzentrat ($t \approx 1{,}5 \cdot 10^9$ a) mit einem akzessorischen Molybdängehalt von 8 ppm zur Verfügung. Es konnte bisher kein präkambrisches Zirkon mit geringerem Molybdängehalt gefunden werden. Das untersuchte Konzentrat (99% Zirkon) besteht aus verschiedenfarbigen Zirkonen, wobei die dunklen Zirkone etwa den 6fachen Molybdängehalt der Gesamtprobe aufweisen. Durch Aussortieren der dunklen Zirkone kann eine Probe mit geringerem akzessorischen Molybdängehalt gewonnen werden.

Mit dem erarbeiteten Trennverfahren kann eine Umkehrung des Konzentrationsverhältnisses Zirkonium/Molybdän $10^5 \rightarrow 10^{-5}$ erreicht werden.

Da Zirkonium ein um 0,3 eV niedrigeres Ionisierungspotential und damit einen höheren Ionisierungsgrad als Molybdän besitzt, traten bei den Massen 92 u, 94 u und 96 u Linieninterferenzen auf, die eine Präzisionsisotopenanalyse des Molybdäns bisher unmöglich machten. Verbesserte probenchemische Verfahren und der Einsatz computergesteuerter Thermionen-Massenspektrometer lassen Präzisionsisotopenanalysen mit Standardabweichungen $<0{,}1$‰ möglich erscheinen.

Für die Bestimmung der Halbwertszeit von ^{96}Zr und ^{94}Zr müssen die bei der Probenaufbereitung und massenspektrometrischen Messung beobachteten Massendiskriminierungseffekte mit der double-spike-Methode eliminiert werden. Eine Berücksichtigung natürlicher Feinvariationen des Molybdäns kann über den Vergleich der Isotopenhäufigkeiten mit den Analysenergebnissen eines syngenetischen Schwerminerals erfolgen. Abschätzungen ergaben, daß an der vorhandenen Probe die Halbwertszeit des Doppel-Betazerfalls von ^{96}Mo bis $\approx 10^{16}$ a und von ^{94}Mo bis $\approx 10^{18}$ a massenspektrometrisch bestimmbar ist. Für die Bestimmung von über den Dirac-Zerfall berechneten Halbwertszeiten $\tau_{1/2} > 10^{20}$ a müßten Zirkonproben mit akzessorischem Molybdängehalt <1 ppb zum Nachweis des Doppel-Betazerfalls eingesetzt werden.

Die Autoren danken Frau Dr. *E. W. Bibikowa*, Institut für Geochemie und Analytische Chemie, Moskau, und Herrn Dr. *J. Pilot*, Geologisches Institut der Bergakademie Freiberg, für die Altersbestimmungen des Ostseezirkons.

Eingegangen am 20. 12. 1982

Literatur

[1] *M. Goeppert-Mayer*, Phys. Rev. **48** (1935) 512
[2] *T. Kirsten, H. W. Müller, E. Norton*, Recent Developments in Mass Spectroscopy, Kyoto 1970, 501
[3] *T. Kirsten, W. Gentner, O. A. Schaeffer*, Z. Phys. **202** (1967) 273
[4] *T. Kirsten, O. A. Schaeffer, E. Norton, R. W. Stoenner*, Phys. Rev. Lett. **20** (1968) 1300
[5] *B. Srinivasan, E. C. Alexander*, Jr., *O. K. Manuel*, Economic Geology **67** (1972) 592
[6] *E. W. Hennecke, O. K. Manuel, D. D. Sabu*, Phys. Rev. **C11** (1975) 1378; *E. Hennecke*, Phys. Rev. **C17** (1978) 1168
[7] *T. Kirsten*, Fortschritte der Physik **18** (1970) 449
[8] *B. Srinivasan, E. C. Alexander*, Jr., *R. D. Beaty, D. Sinclair, O. K. Manuel*, Economic Geology **68** (1973) 252
[9] *S. P. Rosen, H. Primakoff*, in *K. Siegbahn*, Alpha, Beta and Gamma-Ray Spectroscopy, Amsterdam, North Holland Publ. Co. 1965, Vol. 2, 1499; *H. Primakoff, S. P. Rosen*, Ann. Rev. Nucl. Sci. **31** (1981) 145
[10] *D. Bryman, C. Picciotto*, Rev. Mod. Phys. **50** (1978) 11
[11] *J. A. McCarthy*, Phys. Rev. **90** (1953) 853
[12] *M. Awschalom*, Phys. Rev. **101** (1956) 1041

[13] *E. Fiorini*, Nouvo Cimento 2 (1971) 1

[14] *T. Kirsten, H. Richter, E. K. Jessberger*, Zeitschrift für Physik C, Particles and fields **10** (1982) 35

[15] *H.-J. Dietze*, Massenspektroskopische Spurenanalyse, Akadem. Verlagsges. Geest & Portig, Leipzig 1975

[16] *A. P. Vinogradow, A. I. Tugarinov*, Annals New York Academy Sciences (1961) 500

[17] *P. O. Banks, D. P. Rebello*, Geological Society of American Bulletin **80** (1969) 907

[18] *H. Plempe*, Über die Chlorierung von Silikaten und die Trennung durch fraktionierte Kondensation der Chloriddämpfe, Diss. TH Hannover, 1946

[19] *O. G. Koch, G. D. Koch-Dedic*, Handbuch der Spurenanalyse, Heidelberg, New York: Springer-Verlag Berlin 1974, Bd. 2

[20] *S. Becker, H.-J. Dietze*, Isotopenpraxis **16** (1980) 190

[21] *S. Becker, H.-J. Dietze*, Isotopenpraxis **18** (1981) 70

[22] *E. A. Tausch*, Diss. Abstr. Order No 74-16530 **V35** (1974) N. 1

[23] *C. E. Rees*, Int. J. Mass Spectrom. Ion Phys. **3** (1969) 71

[24] *N. A. I. M. Boelrijk*, Chem. Geol. **3** (1968) 323

[25] *R. O. Russell*, J. Geophys. Res. **76** (1971) 4949

Isotopenpraxis **19** (1983) 7, S. 225–227

Neutronenaktivierungsanalytische Spurenelementbestimmung in Halbleiterselen Teil I: Allgemeine Probleme der NAA-Selenanalytik

K.-P. Rudolph, J. Flachowsky, A. Lange

(Zentralinstitut für Isotopen- und Strahlenforschung, AdW der DDR)[1]

J. Dubnack

(VEB Gleichrichterwerk Stahnsdorf)[2]

Elementverunreinigungen auch im Spurenbereich (ppm, ppb) beeinflussen die Qualität von Halbleiterselen. Bei der Bestimmung interessierender Elemente (Ag, As, Au, Cd, Ga, Sb, Tl) mittels NAA ist nach der Neutronenbestrahlung im Kernreaktor wegen der Störung durch die entstehende hohe Matrixaktivität, der Anwesenheit reiner Betastrahler oder infolge Linienüberlagerung im Gammaspektrum im allgemeinen keine instrumentelle NAA möglich. Daher müssen nach Zugabe inaktiver Träger und der Matrixabtrennung die interessierenden E·emente durch konventionel·e chemisch-analytische Trennverfahren (Extraktion, Fällung, Ionenaustausch) isoliert werden.

Keywords

chemical analysis; interfering elements; neutron activation analyzers; selenium; semiconductor material; trace amounts

1. Einleitung

Elementares Selen in der metallischen Modifikation findet in Elektrotechnik und Elektronik breite Anwendung (Photozelle, Gleichrichter, Photowiderstand). Die elektrische Leitfähigkeit des Selens hängt sowohl vom Kristallisationszustand, als auch von seiner Reinheit bzw. vom Grad der Dotierung durch Fremdelemente auch im ppm-Bereich ab [1]. Qualitäts- und Gütekontrolle des eingesetzten Basismaterials werden daher wesentlich von der verfügbaren Analysentechnik bestimmt. Dabei hat sich die Neutronenaktivierungsanalyse (NAA) als ein sehr effektives Verfahren zur Selenanalytik erwiesen, da sie den Anforderungen wie hohe Empfindlichkeit bzw. niedere Nachweisgrenzen bei hinreichender Genauigkeit, Möglichkeit der Multielementbestimmung (Übersichtsanalysen), absolute Elementbestimmungen ohne andere Eichverfahren u. a. weitgehend entspricht. Nachteilig sind die entstehende hohe Matrixaktivität sowie deren große Flüchtigkeit beim chemischen Manipulieren (keine zerstörungsfreie Analytik möglich) und die zeitaufwendige Probenvorbereitung nebst Neutronenbestrahlung im Kernreaktor mit nachfolgender Aufarbeitung. Das schließt die Entwicklung zu einer automatisierbaren Serien- oder Prozeßanalytik aus. Trotz dieser Nachteile ist aber die NAA eines der wichtigsten Verfahren zur Selenanalytik in extrem niedrigen Spurenbereich.

Anschriften: [1]) DDR-7050 Leipzig, Permoserstr. 15; [2]) DDR-1533 Stahnsdorf, Ruhlsdorfer Weg

2. Aktivierungsanalytische Aufgabenstellung

In Abhängigkeit von Provenienz und Herstellungsbedingungen des Halbleiterselens sollten folgende Elemente auch im Spurenbereich (ppm und ppb) bestimmt werden: Na, K, Cu, Au, Ga, Cd, As, Co, Zn, Fe, Sb, Ag, Tl.

Natürliches Selen hat folgende isotope Zusammensetzung:

^{80}Se	48%	^{82}Se	9%
^{78}Se	24%	^{77}Se	8%
^{76}Se	10%	^{74}Se	1%

Bei der Selenbestrahlung im Neutronenfeld des Kernreaktors finden die in Tab. 1 aufgeführten (n, γ)-Reaktionen statt, die zu erheblicher Matrixaktivität führen [2].

Der effektive mittlere Einfangquerschnitt beträgt für eine Selenmatrix natürlicher isotoper Zusammensetzung etwa 12 barn; damit können bei großvolumigen Proben bereits Neutronenflußdepressionen auftreten, die bei der Aktivierung berücksichtigt werden müssen. Nach *Nisle* [3] ist bei einer kugelförmigen Selenprobe mit einem Durchmesser $\emptyset = 0{,}28$ cm (etwa 30 mg) mit einer Depression von 2–3% zu rechnen.

Für die Hauptaktivität ^{74}Se(n, γ)^{76}Se ($T_{1/2} = 120$ d) ist bei einer 100-h-Bestrahlung bei einem Fluß $\Phi = 10^{13}$ n × cm^{-2} s^{-1} eine spezifische Aktivität von etwa 0,5 GBq/g zu erwarten [19]. Aus diesem Grund ist eine neutronenaktivierungsanalytische Spurenelementbestimmung nur nach quantitativer Matrixabtrennung möglich. In fast allen Fällen

Tab. 1. (n, γ)-Kernreaktionen des Selen

Isotop	Häufigkeit %	Einfangquerschnitt barn	entsprechendes Radioisotop	Zerfall	HWZ $T_{1/2}$	Gammaenergie MeV
^{74}Se	0,87	30	^{75}Se	EC, γ	120,4 d	0,066 (1,0%) 0,097 (3,3%) 0,121 (17%) 0,136 (57%) 0,256 (60%) 0,280 (25%) 0,401 (12%)
^{76}Se	9,02	22	^{77m}Se	I.T., γ	17,5 s	0,161 (50%)
^{78}Se	23,52	0,36	^{79m}Se	I.T., γ	3,9 min	0,096 (100%)
		0,05	^{79}Se	$β^-$	6,5 10^4 a	
^{80}Se	49,82	0,1	^{81m}Se	I.T., γ	56,8 min	0,103 (8%)
		0,5	^{81}Se	$β^-$, γ	18,6 min	0,28 (0,9%)
^{82}Se	9,19	0,05	^{83m}Se	I.T., γ	1,17 min	0,350 (16%) 0,650 (20%) 1,01 (100%) 2,02 (40%)
		0,00%	^{83}Se	$β^-$, γ	25,0 min	0,360 (69%)

schließt sich an die Matrixabtrennung noch ein chemischer Trennungsgang an, da eine quantitative gammaspektrometrische Simultanbestimmung nur in günstigen Ausnahmefällen möglich ist wie z.B. keine Überlagerung der Gammalinien, Abwesenheit reiner Betastrahler (^{32}P, ^{204}Tl) u. ä. Bei der Gammavielkanalspektrometrie ist dabei eine vollständige quantitative Auftrennung der Proben in Einzelelemente keineswegs erforderlich. Vielmehr genügt eine solche Gruppentrennung, bei der die Radionuklide in den verschiedenen Fraktionen problemlos, d. h. ohne Linienüberlagerung, bestimmt werden können. Durch die Abtrennung störender Begleitelemente werden auch die Nachweisgrenzen der einzelnen Bestimmungselemente herabgesetzt, da das sog. Untergrundrauschen, verursacht durch die Bremsstrahlung hochenergetischer Betastrahler oder durch Rück- oder *Compton*-Streuung hochenergetischer Gammaquanten, vermindert wird. Besonders negativ tritt der letztere Effekt bei der Messung von Gammastrahlern mit geringer spektraler Ausbeute auf.

Zur quantitativen chemischen Abtrennung werden der Probenlösung Lösungen von inaktiven Elementen gleicher Identität wie die Bestimmungselemente sog. Träger, zugegeben, um aus dem Ultramikrobereich in den analytisch leichter handhabbaren Milligrammbereich zu gelangen. Die zugegebenen inaktiven Trägermengen (z.B. 20 mg Cu) dienen gleichzeitig zur Trennausbeutebestimmung nach konventionellen chemisch-analytischen Methoden, da die meisten Trenn- und Umarbeitungsoperationen nicht verlustfrei verlaufen. Die tatsächlich gemessenen radiometrischen Zählraten müssen daher unter Berücksichtigung der Ausbeuteverluste korrigiert werden.

Die in der Literatur angegebenen Trennverfahren orientieren sich an der Aufgabenstellung und reichen vom Ionenaustausch über Extraktionsverfahren bis zu Fällungsoperationen. Zur Selenmatrixabtrennung wird die Reduktion im sauren Medium zum elementaren Selen mit Hydrazinhydrochlorid (Fällung) im allgemeinen bevorzugt, seltener werden Destillation oder alkalische Fällung eingesetzt [10, 14, 15] (siehe Tab. 2).

Tab. 2. Aktivierungsanalytische Spurenelementbestimmung in Selen

	Elemente	zitiert in:
1.	Te, Ga, Cd, As, Cu, Sb	[4]
2.	Ag, Hg, Co, Cr, Ca, In	[5]
3.	As, Sb, Te, Ga, In, Tl, Cu, Cd, Hg, Fe	[8]
4.	Na, Cu, Cl	[9]
5.	Ag, As, Au, Bi, Ca, Cd, Co, Cr, Cu, Fe, Ga, Ge, Hg, In, Ir, Sb, Tl	[10]
6.	Cl, Br, J, P, Te, Na, K, Cr, Fe, Co, Cu, Zn, Ga, Sc, Ag, Cd, La, Au, Tl, W	[11]
7.	Fe, Ga, Mn, Cd, Hg, Sb, Au, Zn, Te, Cu, Co, Na, La, Cr, Ag, Sn, Mo, Cs, P, S	[12]
8.	Cr, Na, Fe, Zn, Ga, La, Co, Au, Se, Ag, Cd, K, W, Cu	[13]
9.	Cl, Br, Tl, Ni, Te, P, S, J	[14, 15]
10.	Radiochem. Gruppentrennungen	[8, 12–18]

3. Störreaktionen bei der Spurenelementbestimmung durch die Selenmatrixaktivierung

Folgende Störreaktionen sind zu berücksichtigen

As-Störung

Über (n, p)-Reaktionen der Selenisotope werden folgende As-Isotope gebildet: ^{74}As, ^{76}As, ^{77}As, ^{78}As, ^{80}As (Tab. 3).

Besonders kritisch ist die Bildung von ^{76}As, da dieses das Bestimmungsnuklid für die As-Gehaltsbestimmung entsprechend ^{75}As(n, γ)^{76}As darstellt. Die Größe der Störung ist vom Verhältnis thermische schnelle Neutronen abhängig und in der Praxis nur bedingt abschätzbar. Die experimentelle Bestimmung der Störung ist möglich durch gleich-

Tab. 3. Produkte der Se(n, p)As-Reaktion

Stabiles Isotop	Häufigkeit %	Wirkungsquerschnitt mbarn	Radioakt. Isotop	Wichtigste Energien keV	Halbwertszeit
^{74}Se	0,87 ± 0,03	6,6	^{74}As	β: 910; 1510; 1360 γ: 595, 8; 634,6	17,5 d
^{76}Se	9,02 ± 0,04	0,7	^{76}As	β: 2410; 2970 γ: 559,8; 657 usw.	26,3 h
^{77}Se	7,58 ± 0,06	1,7	^{77}As	β: 690 γ: 238,8; 250; usw.	39,0 h
^{78}Se	23,52 ± 0,04	0,16	^{78}As	β: 4100 γ: 620; 700; 1310	91,0 min
^{80}Se	49,82 ± 0,04	0,01	^{80}As	β: 5400; 6000 γ: 660; 800; usw.	15,0 s

zeitige Bestrahlung von Probe und Standard mit und ohne Cd-Hülle in gleicher Bestrahlungsposition und nachfolgende Messung des ^{74}As/^{76}As Verhältnisses [8, 10]. Mit dieser Methode können noch einige (etwa 10) ppb As mit einem Fehler von ±20% bestimmt werden. Als weitere Variante der As-Bestimmung bietet sich die Verwendung von ^{74}As als innerem Standard für den über (n, p)-Reaktion gebildeten ^{76}As-Anteil an, da das ^{74}As/^{76}As-Verhältnis nahezu unabhängig von der Bestrahlungsposition ist (sog. kadmiumfreie Arbeitstechnik).

Weiterhin kann zur Eliminierung der Matrixstörung das Selen vor der Aktivierung abgetrennt und die Arsen erhaltende Probe neutronenaktiviert werden [8]. Der Umfang notwendiger Manipulationen und Arbeitsschritte ist jedoch noch größer, und es besteht erhebliche Kontaminationsgefahr durch Chemikalien und Luftverunreinigungen, so daß diese Methode nur für Eich- oder Kontrollzwecke, nicht aber für die Routineanalytik geeignet ist.

Ge-Störung

Über die Reaktion ^{80}Se(n, α)^{77}Se wird die Ge-Bestimmung gestört [20]. Über die Größe der Störung liegen in der Literatur keine genauen Angaben vor.

Br-Störung

Durch eine Störung zweiter Ordnung wird der Bromnachweis beeinflußt, wobei folgende Reaktionskette abläuft [20]:

$$^{80}\mathrm{Se}(n,\gamma)^{81}\mathrm{Se} \xrightarrow[\tau_{1/2}=18\,\mathrm{min}]{\beta^-} {}^{81}\mathrm{Br}(n,\gamma)^{82}\mathrm{Br}$$

$$\uparrow \text{ i. T.}$$

$$^{80}\mathrm{Se}(n,\gamma)^{81m}\mathrm{Se} \quad (T_{1/2} = 57\ \mathrm{min})$$

Die Störung ist berechenbar [21]. In Abhängigkeit von der Bestrahlungszeit und dem Neutronenfluß ergeben sich z. B. bei 100 h und 10^{13} n/cm^2 s Störungen von 100 ppb Brom.

Sonstige Störreaktionen

Bei stark unterschiedlichen Spurengehalten benachbarter Elemente sind Störungen über Primärreaktionen mit schnellen Neutronen möglich. Im erheblichen Umfang trifft das für das Elementetriplett P, Cl, S zu. Neben den (n, γ)-Reaktionen laufen (n, p)- und (n, α)-Reaktionen ab, die zum ^{35}S und ^{32}P führen.

Bei *C. Ballaux* u. M. [13, 14] ist ein Schema aller ablaufenden Kernreaktionen zur P, S, Cl-Bestimmung zu finden.

Über die praktische Durchführung von NAA-Selenuntersuchungen und damit zusammenhängende Fragen der Probenvorbereitung, der Aktivierungsbedingungen, der angewendeten radiochemischen Trenntechniken u. a. wird in einer späteren Veröffentlichung berichtet.

Eingegangen am 6. 12. 1982

Literatur

[1] *H. Eggert*, Der Einfluß von Dotierungen auf die Leitfähigkeit polykristallinen Selens und die Aufstellung eines Leitfähigkeitsmodells, Diss. TU Berlin(West) 1965

[2] *H. Ebert*, Physikalisches Taschenbuch, Berlin: VEB Deutscher Verlag der Wissenschaften 1979

[3] *R. G. Nisle*, Nucleonisc 18 (1960) 3, 86

[4] *O. E. Zvyagintser, V. I. Shamaev*, Zh. Analit. Khim. **14** (1959) 603

[5] *O. E. Zvyagintser, V. I. Shamaev*, Zh. Analit. Khim. **15** (1960) 325

[6] *V. I. Shamaev, O. F. Zankin*, Izv. Vysshikk. Uckebu. Zavedenu; Khim. i. Khim. Tekhnol. **3** (1960) 66

[7] *V. I. Shamaer*, Radiokhimija **2** (1960) 624

[8] *W. Rönsch*, Kernenergie **7** (1964) 543; Mikrochim. Acta (Wien) **1964** (b) 1164

[9] *H. Gobrecht* u. a., solid. state commun. **4** (1966) 307

[10] *L. G. Kiss*, Periodica Polytechnica Ch. **XV**/4 (1971) 351

[11] *J. Hoste*, J. Radioanal. Chem. **19** (1974) 7

[12] *E. P. Mignosin*, J. Radioanal. Chem. **19** (1974) 33

[13] *C. Ballaux, R. Dams, J. Hoste*, Anal. Chim Acta **47** (1969 b) 397

[14] *C. Ballaux, R. Dams, J. Hoste*, Anal. Chim Acta **41** (1968 a) 147; Anal. Chim. Acta **43** (1968 b) 1; Anal. Chim Acta **45** (1969 a) 337

[15] *K. H. Neeb, R. Franke* u. a., Z. anal. Chem. **247** (1969 b) 27; Z. anal. Chem. **247** (1969) 225

[16] *A. E. Williams*, Analyst **86** (1961) 172

[17] *N. Yajima* et al., Nippon Kagaku Zasshi **82** (1961) 343

[18] *W. Otoinski, Z. Allina*, Nucleonica **8** (1963) 833

[19] *E. Bujdoso, E. Feher, G. Kardos*, Activation and decay tables of radioisotopes, Budapest: Akademiai Kiado 1973

[20] *J. C. Verplanke, P. N. Kim*, J. Radioanal. Chem. **16** (1973) 57

[21] *W. Maenhaut, J. P. Op de Beek*, J. Radioanal. Chem. **5** (1970) 115

Isotopenpraxis **19** (1983) 7, S. 228–231

Radiation Degradation of Polypropylene-Molecular Weight and Melt Viscosity Change*)

D. Babić, A. Šafranj, V. Marković

(Institute of Nuclear Sciences — Vinča, Solid State Physics and Radiation Chemistry)[1])

Isotactic polypropylene is widely used for production of disposable syringes and for some other single use medical products. Under irradiation the yield of scission is significantly greater than the yield of crosslinking, resulting in a deterioration of mechanical properties. In addition a slow process of chain autooxidative degradation, following irradiation, usually takes place.

Two commercial resins and an additive-free isotactic polypropylene were used for studies in this work. The molecular weight distribution has been measured by high pressure, high temperature liquid chromatography, in order to determine the immediate effect of radiation degradation. This was accompanied by the melt viscosity measurements.

These data may be useful to predict the short and long term mechanical properties of polypropylene made products, sterilized by ionizing radiation.

Keywords

gamma radiation; molecular weight; polypropylene; radiolysis; viscosity

1. Introduction

The radiation degradation of isotactic polypropylene has been the subject of extensive studies [1]. Part of the interest for radiation behaviour of polypropylene derives from its being used widely in the production of disposable hypodermic syringes, as well as for different components of single use medical devices. These are in large quantities industrially sterilized by ionizing radiation. In contrast to polyethylene which is predominantly crosslinked by radiation, polypropylene undergoes scission to a larger extent than crosslinking. In addition, postirradiation autooxidative degradation has been observed [2]. These effects contribute to the overall long term degradation of mechanical properties after exposure to absorbed doses required for sterilization.

The role of free radicals [3], crystallinity [4] and radical mobility [5] on polypropylene degradation, as well as gas evolution in irradiated polypropylene [6] have been the subject of more recent studies.

This study is concerned specifically with the changes in molecular weights and molecular weight distribution changes on irradiation through direct measurements and also through measurements of melt flow viscosity at absorbed doses below the gel point. These measurements are accompanied with gel-dose data.

2. Experimental

Three different types of polypropylene were used in this work: Isotactic polypropylene supplied by Aldrich Chem. Co. (PP1) and two commercially available resins (PP2 and PP3) used for production of disposable syringes.

All irradiations were done at laboratory ^{60}Co radiation source at absorbed dose rate of about 25 kGy/h. Irradiations were performed either in the presence of air, under conditions similar to those normally used for radiation sterilization, or in argon atmosphere, as noted for each specific case.

Molecular weight determination was performed using Du Pont high temperature size exclusion liquid chromatograph. Ortodichlorobenzene solutions at 140 °C were used. All measurements were performed within 20–30 minutes after making a solution. Within this period no detectable degradation was observed. The column has been calibrated with NBS 1475 linear polyethylene standards. No corrections for different hydrodynamic volumes were applied.

Melt flow viscosity measurements were performed with torque rheometer (Model EU 5HP, Haake Inc, Saddle Brook, N.J.) using Rheomix 600 mixer with roller blades as sensing element. The experimental details are described elsewhere [7].

Gel measurements were performed with standard Soxhlet extraction in xylol for at least 17 hours, followed by drying in a vacuum oven to the constant weight.

3. Results and Discussion

Fig. 1 shows the results of gel measurements in the function of absorbed dose for the three polypropylene samples used in this work. All irradiations were performed in argon atmosphere. The *Charlesby-Pinner* plot [8] was used to determine the gel dose. Due to the significant departure from random distribution of initial molecular weight and due to the uncertainty about the absolute values of molecular weights, no attempt was made to calculate absolute values of scission and crosslinking yields. Instead, *Inokuti* equation [9]

$$1 - g_{\max} = 0.5 \times [1 + \lambda - (1 + 2\lambda)^{1/2}] \qquad (1)$$

*) Presented at the 2nd Working Meeting "Radioisotope Application and Radiation Processing in Industry", 28th September to 1st October 1982, Leipzig

[1]) Address: P.O.B. 522, 11001 Beograd, Yugoslavia

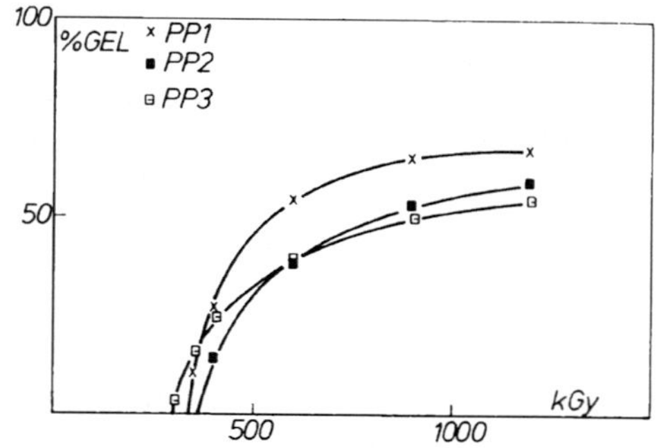

Fig. 1. Gel-dose measurements

Tab. 1. Gel measurements data

Material	Gel Dose MGy	$\lambda = G(S)/G(X)$
PP1	0·32	1·46
PP2	0·34	1·34
PP3	0·29	1·56

where: g_{max} = gel fraction at infinite absorbed dose

λ = $G(S)/G(X)$, the ratio of scission to cross-linking yields

was used to determine $\lambda = G(S)/G.(X)$ g_{max} was determined from the gel vs $1/D$ plot and extrapolation to infinite absorbed dose ($1/D = 0$).

The obtained results are summarized in Tab. 1.

Different values of λ have been reported in literature ranging from about 1·2 to about 1·6 [1]. The values obtained here are within this range and indicate the dependence on the material used in the study. Since the Inokuti equation is independent of the initial molecular weight distribution [9], the differences are probably the result of different initial molecular weight and the presence of stabilizers. Of the three resins used in this work, the PP1 is believed to be free of any additives, PP2 is radiation stabilized, while no informations were available for PP3 material. The lowest value of λ for PP2 is indicative of the best radiation stability.

Further insight into the effect of radiation on polypropylene was obtained from the determination of molecular weights (MW) and molecular weight distributions (MWD)

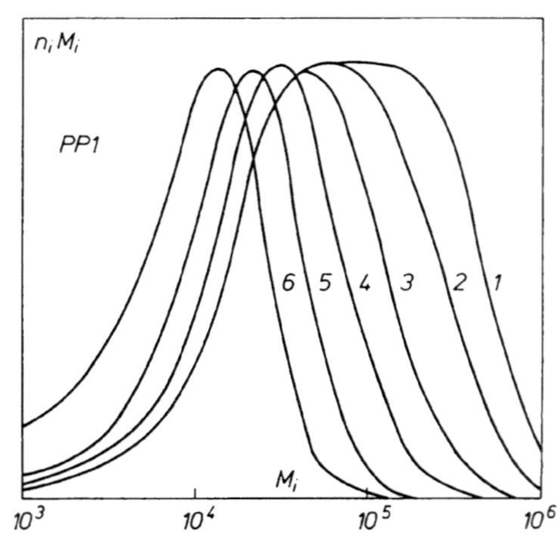

Fig. 2. PP1. Molecular weight distribution for different absorbed doses Curves 1: 0 kGy; 2: 5 kGy; 3: 10 kGy; 4: 25 kGy; 5: 50 kGy; 6: 100 kGy

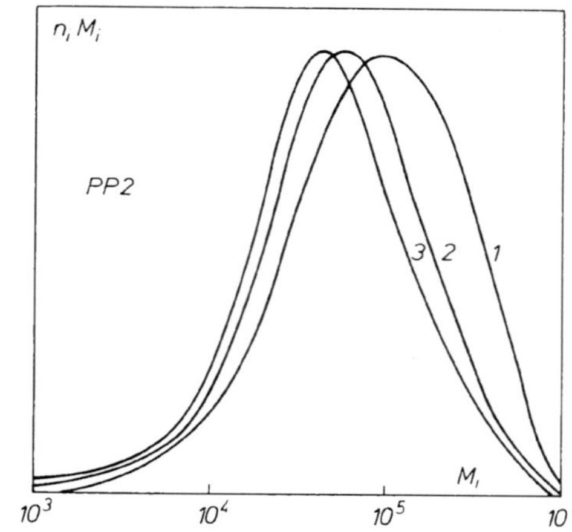

Fig. 3. PP2. Molecular weight distribution for different absorbed doses Curves 1: 0 kGy; 2: 25 -- 50 kGy; 3: 100 kGy

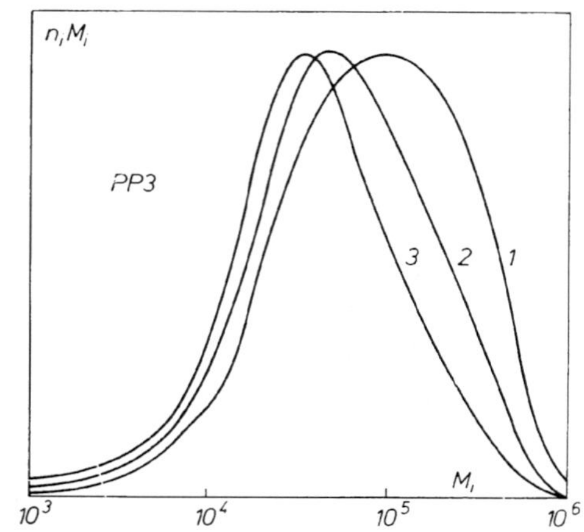

Fig. 4. PP3. Molecular weight distribution for different absorbed doses Curves 1: 0 Gky; 2: 25 -- 50 kGy; 3: 100 kGy

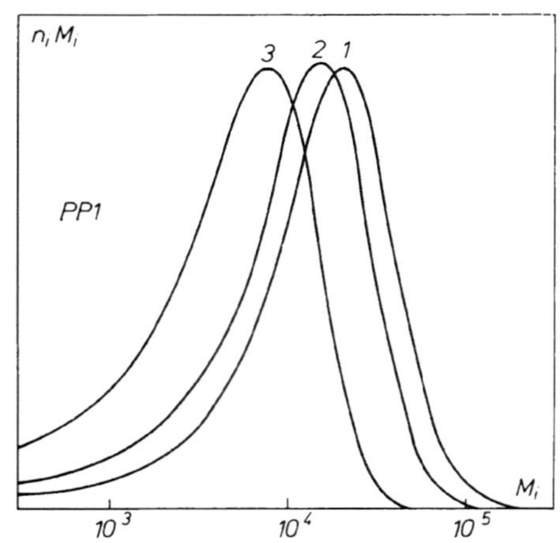

Fig. 5. PP1. Molecular weight distribution at different times after irradiation

Absorbed dose: 50 kGy. Sample stored in air. Curves 1: immediately after irradiation; 2: 6 days after irradiation; 3: 40 days after irradiation

well below the gel point (adsorbed doses up to 0·1 MGy). Fig. 2, 3 and 4 show the molecular weight distributions for PP1, PP2, and PP3 respectively. All materials were irradiated in the presence of air and measurements were performed immediately after irradiation. The degradation after

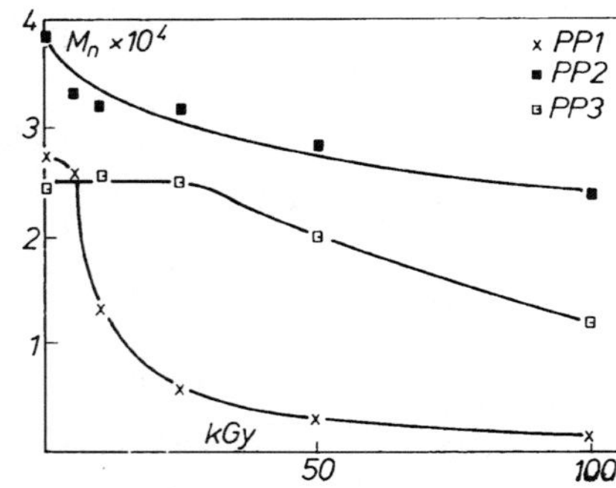

Fig. 6. Number average moleculaer weight in the function of absorbed dose

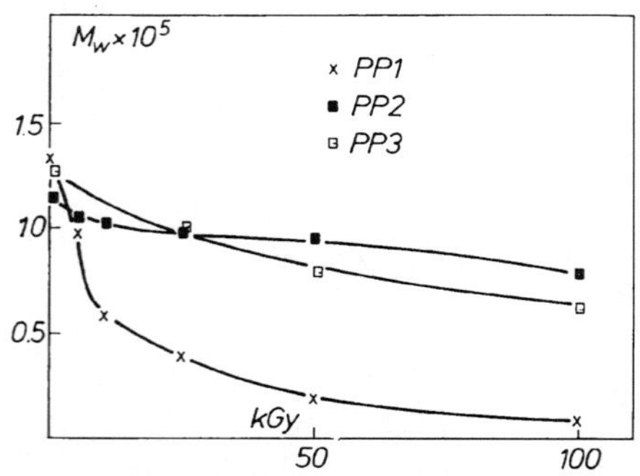

Fig. 7. Weight average molecular weight in the function of absorbed dose

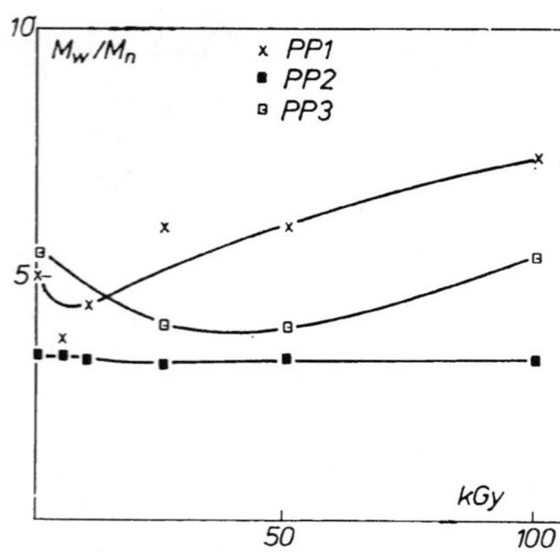

Fig. 8. Dispersion ratio (Mw/Mn) in the function of absorbed dose.

irradiation is most pronounced in PP1 and illustrated in Fig. 5, where MWD immediately after irradiation (absorbed dose = 50 kGy), 6 days and 40 days after irradiation is given. The number average (Mn), weight average (Mw) molecular weights and the dispersion ratio (n = Mw/Mn) are calculated and given on Fig. 6, 7 and 8, respectively.

A very pronounced decrease of Mn and Mw can be noticed for PP1. Significantly smaller effect is observed for PP2 and PP3. The dispersion ratio first decreases and after a minimum increases again. The random distribution is never reached due to crosslinking going in parallel with chain scission. The widening of distribution at higher doses is due to the formation of a lower molecular weight component as a result of chain scissions. PP2 material with the most narrow initial distribution undergoes almost no change in the width of distribution up to 100 kGy. The relative decrease of Mn and Mw, especially Mw, is less pronounced than for other two materials studied here indicating, again, better radiation stability.

It is interesting to note that no change in crystallinity, as obtained from the heats of fusions measured by differential scanning calorimetry, has been observed at the same conditions, as those used for MWD measurements. In absorbed dose range up to 100 kGy, only decrease of melting temperatures of the order of 4–5 degrees was observed. This is most probably due to the change of the melt entropy and maybe in part due to the increase of fold surface free energy of lamellar crystals.

The measurement of melt viscosity using the technique of rheometry has been applied earlier in order to determine the effects of radiation on polyethylene [7] and some polyethylene copolymers [10]. The interest for this technique is derived from the fact that melt viscosity is dependent on molecular weights, while the flow curves (melt viscosity in the function of shear rate) depend also on MWD. The overall increase of melt viscosity for polyethylene and its copolymers was observed [7, 10]. In addition, the ratio of viscosities of irradiated and unirradiated materials was found to be shear rate dependent, indicating the change of relaxation spectrum and flow mechanism [10].

The same technique was used in this work to study the two commercial polypropylenes (PP2 and PP3). The materials were irradiated in the pellet form and melt viscosity meas-

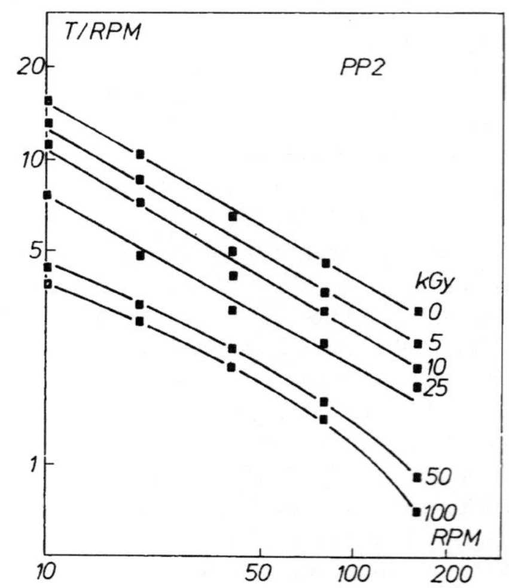

Fig. 9. PP2. Flow curves for different absorbed doses

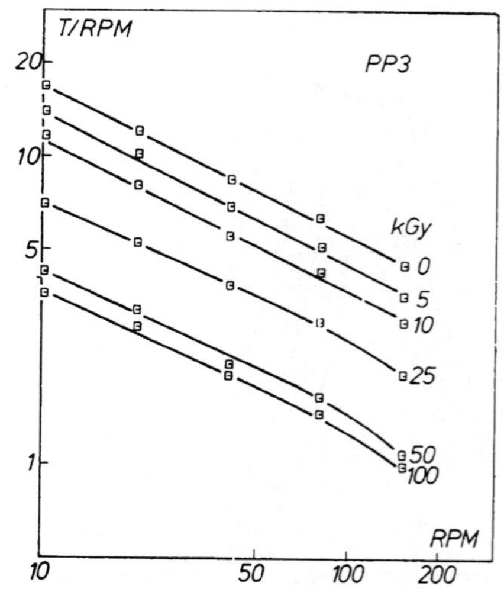

Fig. 10. PP3. Flow curves for different absorbed doses

ured immediately after irradiation, in order to avoid uncertainties associated with postirradiation degradation. The standard log-log flow curves for PP2 and PP3 are given on Fig. 9 and 10, respectively. All reported data correspond to the melt viscosities at 230 °C. Shear rate is expressed in RPM units and the melt viscosity as the ratio of torque to RPM (T/RPM). These values can be transformed into absolute values of shear rate and viscosity [7], but for the purposes of this work the presentation of direct experimental quantities was preferred. A significant decreas of melt viscosity can be observed from the set of flow curves for samples irradiated with different absorbed doses. The change is more pronounced at low doses (up to 25 kGy) and significantly slowed down from 50 to 100 kGy. This is consistent with the MW and MWD data. It is also apparent, on Fig. 9 and 10 that, except for the high shear rates, all curves for one material can be superposed on one master curve, using a simple correction factor. This indicates that the change of melt viscosities are not accompanied, in the absorbed dose region studied, with a noticeable change of relaxation spectrum.

In conclusion, it can be pointed out that the MW and MWD measurements as well as melt flow measurements (releated to MW and MWD) can be employed to study the relative radiation stability of different polypropylene materials. They also indicate significant degradation during irradiation, a factor which may widely differ for different materials.

Received December 2, 1982
Accepted in revised form December 23, 1982

References

[1] *D. O. Geymer*, in: The Radiation Chemistry of Macromolecules, ed. by *M. Dole*, New York: Academic Press 1973, Vol. 2, p. 4

[2] *J. L. Williams, T. S. Dunn, H. Sugg, V. Stannett*, Radiat. Phys. Chem. **9** (1977) 444

[3] *T. S. Dunn, B. J. Epperson, H. W. Sugg, V. T. Stannett, J. L. Williams*, Radiat. Phys. Chem. (1979) 625

[4] *T. S. Dunn, E. E. Williams, J. L. Williams*, Radiat. Phys. Chem. **19** (1982) 287

[5] *J. L. Williams, T. S. Dunn, V. T. Stannett*, Radiat. Phys. Chem. **19** (1982) 291

[6] *A. El-Sayed Hegary, T. Seguchi, K. Arakawa, S. Machi*, J. Appl. Polym. Sci. **26** (1981) 1361

[7] *V. Marković, O. Gal, B. Radak, J. Silverman*, Modern Plastics, October 1979, p. 53

[8] *A. Charlesby, S. H. Pinner*, Proc. Roy. Soc. (London), A249 (1959) 367

[9] *M. Inokuti*, J. Chem. Phys. **38** (1963) 2999

[10] *V. Marković, D. Babic, J. Silverman*, Radiat. Phys. Chem. **18** (1982) 707

Isotopenpraxis **19** (1983) 7, S. 231–234

Problems in the Development of High-energy Radiation Processing of Woven and Knitted Fabrics*)

B. Ihme, E. Mäder, A. Mally

(Institut für Technologie der Fasern, Dresden)[1])

Modification of clothing-hygienic properties of polyamide and polyester planar structures was investigated. Experiments were done with the simultaneous procedure applying the modificator in the liquid phase. Depending on the process conditions the localization of the second component takes place — within the whole cross-section of the fibre resulting in volume effects (modification of polyamide by acrylic acid) — within a more or less thick surface layer resulting in partial volume effects — or within a mantle resulting only in sulface effects (modification of polyester by polyethyleneglycolacrylate). The paper underlines the fact that the radiationchemical modification for the enlargement of the utility value of textile planar structures is a relatively complicated process of textile finishing with the need of additional application of chemicals, plants, workmen and energy.

Keywords

acrylates; acrylic acid; chemical radiation effects; electron beams; fibers; graft polymers; industry; monomers; physical radiation effects; polyamides; polyesters

The modification of properties of textile materials by high energy beams is a broad field of investigations including nearly all types of fibres and different aims. Our own work concerned especially with the improvement of the clothing-hygienic properties of polyamide and polyester planar structures to reach even a pleasant wearability of clothing textiles made from this material beyond their known advantageous properties like the retention of shape, the facility of attendance and the stability to wear and tear. This was already read in a paper [1] at the XVI. Textiltechnische Tagung (Dresden 1981).

*) Presented at the 2nd Working Meeting "Radioisotope Application and Radiation Processing in Industry", 28th September to 1st October 1982, Leipzig

[1]) Address: DDR-8010 Dresden, Hohe Str. 6

It has to be noticed that the research work in the Institute of Fibre Technology was done in close cooperation with the tetxile industry of the GDR. It is also a part of the research cooperation between the Institute of Fibre Technology, Dresden, and the Central Scientific Institute for Cotton Industry, Moscow, included in the governmental aggreement between the GDR and the USSR.

We have done our research work in more detail with the simultaneous procedure, one of the different variants of radiationchemical modification, applying the modificator in the liquid phase. This method is characterized by the following successive technological steps (Fig. 1):

— contacting and squeezing of the modificator solution
— irradiation

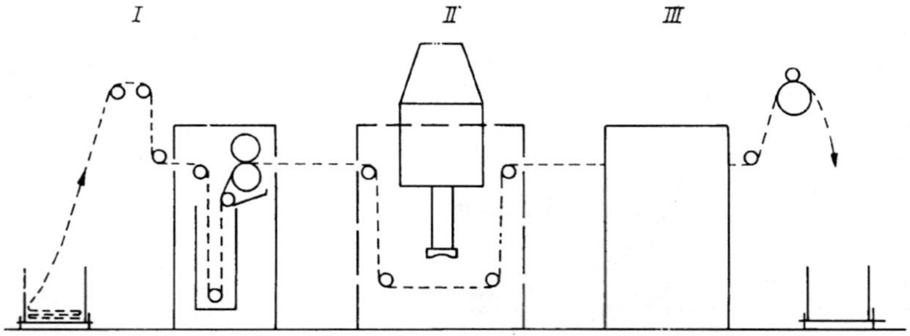

Fig. 1. Radiation processing — Applying the modificator in the liquid phase
I — Contacting and squeezing of the modificator solution; II — Irradiation; III — Washing out of the non-reacted modificator

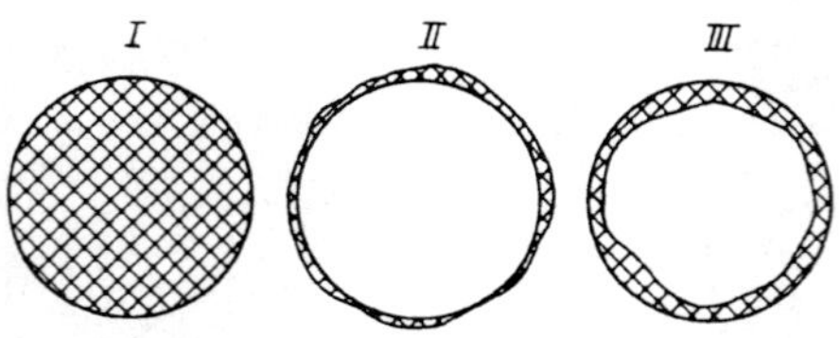

Fig. 2. Radiationchemical modification-localisation of the second component
I — Volume effect; II — Mantle effect; III — Surface layer (partial volume effect)

— washing out of the non-reacted modificator (possibly aftertreating).

Thus the method is most similar to the wet finishing methods used in textil industry.

Depending on the process conditions the localization of the second component (Fig. 2) takes place

— within the whole cross-section of the fibre resulting in volume effects (e.g. in the modification of polyamide fabrics by acrylic acid)
— within a more or less thick surface layer resulting in partial volume effects
— or within a mantle resulting only in surface effects (e.g. in the modification of polyester fabrics by polyethyleneglycolacrylate).

For the resulting modification effect it is not of interest whether this effect is caused by grafting copolymerization or by embedment and application of the homopolymer resp., provided that the homopolymer will not be removed by the cleaning with water and organic solvents.

Premises for the industrial utilization of radiationchemical finishing procedure of textile planar structures are

— the guarantee of the modification effects wanted on one hand and
— the solution justifiable under scientific, technical and economic aspects of all those problems resulting in the transfer of the elaborated technological principle into technical conditions.

According to these aspects the following demands for the modificator and the precaution of a higher utility value of the modified product have to be derived:

— The modificator has to cause simultaneously several modification effects;
— The product obtained by radiationchemical means may not be toxic;
— The product has to be resistent against stresses in usage i.e. against mechanical stresses under wearing as well as against influences of water and solvents during the cleaning;
— The modificator may not have any disadvantageous influences on the appearance and the textile bearing of the planar structure as well as on the colour fastness.

Furthermore under the aspect of a continous textile finishing process the modificator has to meet following technologically caused demands:

— the modificator used has to be water-soluble
— the radiationchemical reaction (grafting or cross-linking polymerisation) has to pass within seconds to reach high yields thus allowing high working rates
— the modificator may not be toxic (as much as possible)
— the modificator must be commercially available or producible from available products under economically justifiable conditions.

As it may be excluded to find a modificator fulfilling all demands for utility value and technology the existing defects have to be diminished or removed by a specific planning of the modification processes. For this aim the exact knowledge of the interaction between the modificator and the polymer substrate as well as between the high energy radiation and the modificator and the polymer substrate resp. is needed.

Experiences in the planning of the technology of the two earlier mentioned radiationchemical modification processes are the following:

1. Cross-section modification of polyamide silk planar structures by grafting with acrylic acid followed by defined ion-exchange.

— the impregnating process is the decisive step for the mass increase and the modification effect. It has the following variables:
monomer concentration,
impregnation duration (depending on the speed of the goods and the good length storable in the dwelling zone),
impregnation temperature,
count of elementary yarn,
degree of crystallinity.
The impregnation duration has to be selected in such a way that for a given material, concentration of acrylic acid and impregnation temperature the monomer diffusion can reach an equilibrium.
— The equal irradiation intensity needed is guaranteed by a constant cloth passage rate and by a defined holding of the tension-free moving planar structure thus ensuring a constant distance between the transparent window and the material. No influence of the irradiation parameters on the mass increase was stated in technological tests with irradiations in the close range between 5 and 15 kGy and the dose rate range between 5·5 and 150 kGy s^{-1}.

- An intensive rinsing is needed to remove non reacted acrylic acid and adhering polyacrylic acid. For this purpose a usual knitwear open-width washing machine is useful if the rinsing water volume at a temperature gradient in the three washing parts from 40 to 20 °C is sufficient.
- In drying the goods one has to pay attention on the fact that the tension of the goods and the temperature have to be fixed and held constant for each modified structure to ensure the textile dimension and good feeling of the planar structure.
- Economically it is appropriate to combine the neutralization with sodium hydroxide with the dyeing in the beam dyeing apparatus separated from the continuous radiation chemical process.
  To ensure a certain degree of neutralization and to control the shrinkage the following process parameters have to be fixed and controlled:
  nature and concentration of the mean for neutralization,
  liquor ratio,
  hardness of water: use of softened water and
  temperature-time-system.
  Certain restrictions in dye selections exist for the dyeing process under alkaline conditions. The demands for colour fastness depending on the material could be fulfilled best by the application of 1:2 metal complex dyestuffs.
- The toxicity of the monomeric acrylic acid requires a suitable waste water treatment consisting of
  the neutralization of the rinsing water and
  the biological refinement of the waste water.
  Furthermore special arrangements of the plant construction are needed for the protection of labour.

2. Surface modification of polyester silk planar structures by coating the elementary filaments with oligoacrylates of the polyethyleneglycol-type.

- The radiationchemical polymerization of polyethyleneglycol-600-acrylate is very rapid in aqueous solutions at irradiation doses of 30 kGy thus forming a relatively regular film on the polyester filaments. This hydrophilic film is insoluble in water and gives the planar structure the good antielectrostatic property. It is a waterswollen gel shortly after the irradiation thus the mechanical stability of the film is low and the further treatment of the modified planar structure must be careful.
- Irradiation doses essentially larger than 30 kGy may not be applied because of the possible destruction of the dyestuffs and fabrics although this leads to a limitation of the modification yield.
- The limitation of the dose rate to values about 15·0 kGy s^{-1} because of the decreasing modificator yield above this limitation is a further important borderline for the process planning.
- The same is valid for the dependence of modificator yield, irradiation dose and modificator concentration (Fig. 3). High modificator yields can only be reached at higher modificator concentration at the permissible range of irradiation dose.
- The modificator input determines the economy of the process and the expense for the waste water treatment. Therefore it is needed to reach the expected modification effect at a mass increase of 2—3 percent by a minimum input and a maximum yield of the modificator. This aim can be reached only at small coatings of higher concentrations (see Fig. 4) i.e. by the application of the minimum coating technique (e.g. foam coating or the application of tip rolling).

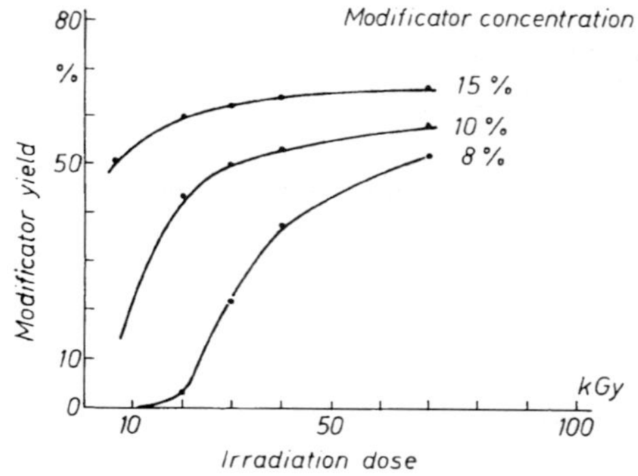

Fig. 3. Dependence of modificator yield, irradiation dose and modificator concentration

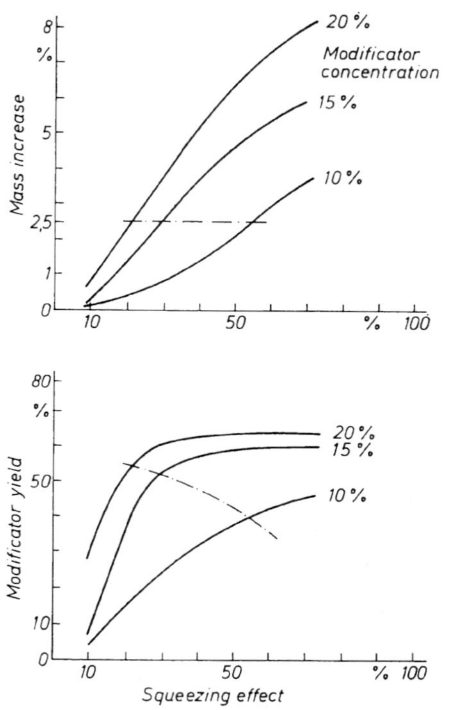

Fig. 4. Dependence of modificator yield, mass increase and squeezing effect

The present paper underlines the fact that the radiation-chemical modification for the enlargement of the utility value of textile planar structures is a relatively complicated process of textile finishing with the need of additional application of chemicals, plants, workmen and energy (especially an additional drying process).
These expenses are only ingenious if the increase of utility value reached is noticeably higher than the increase of costs. However such a situation is given only in single cases. This is the fact with the given example of the radiation-chemical modification of polyamide silk planar structures. The new properties of utility of the modified product allow

for instance the substitution of cotton lining in shoes [2] and the application of this modified product in layered compound fabrics instead of leather in the production of sports shoes [3].

Received December 2, 1982
Accepted in revised form December 23, 1982

References

[1] *W. Bobeth, B. Ihme, A. Mally, H. Päßler, M. Stephan*, Textiltechnik **32** (1982) 51
[2] WP A 43 B/229 890/0
[3] WP B 32/238 146/3

Isotopenpraxis **19** (1983) 7, S. 234–236

Investigations by the Aid of Radioisotope Methods on the Technology of the Production of Carbon and Silicon Carbide Materials*)

K. Wagner, F. Brutschin

(Institut für chemische Technologie der AdW der DDR, Berlin)[1])

I. Ritter, T. Grätsch, H. Zimmermann, H. Borchert

(VEB Elektrokohle Lichtenberg)[2])

Some examples of radioisotope application from the cooperation for many years between the VEB Elektrokohle Lichtenberg Berlin and the Academy of Sciences of the GDR are told. Radiotracer and autoradiographical methods have been very helpful for the distinction between several components of the carbon or silicon carbide materials in milling, mixing, transportation processes etc. Neutron activation analysis is used e.g. for the detection of impurities in pure graphite,

Keywords

activation analysis; autoradiography; bromine 82; carbon; chemical engineering; mixing processes; silicon carbide; sodium 24; tracer technique; wear

1. Introduction

The aim of this contribution is to give an insight into about 20 years of cooperation between the VEB Elektrokohle Lichtenberg Berlin (EKL) and the Radioisotope Laboratory (RL) of the Academy of Sciences, Institute of Chemical Technology at Berlin-Adlershof [1–7]. The main reasons for this continuous cooperation are the following: The carbon and silicon carbide products of EKL consist of components as coke, carbon black (soot), graphite, pitch, tar, different silicon carbides, silicon, silicon dioxide, metal powders, etc. Often it is very difficult and timeconsuming or even impossible to analyse the products quantitatively for these components by the aid of chemical or physical methods, but a radioactively labelled component can easily be detected out of other components, even one pure carbon component among others. For our purposes like study and optimation of technological steps, material characterization and application research of products, samples of very different masses are used. For labelling we mostly use the gamma-ray emitters ^{24}Na, ^{64}Cu, ^{82}Br, ^{110m}Ag, ^{140}La, etc. After sampling and without further preparations the gamma-radiation can be measured for samples from 1 microgram and less up to about 1 kg by the same NaI(Tl) or Ge(Li) detectors, respectively. In the case of electrobrush and rotor wear studies samples of far less than 1 mg could be detected by sucking them into filter hulls mounted over the wearing parts (4). For studies in mixing machines up to a volume of 2 m³ the mass of the samples rough mixing and by the aid of autoradiographical methods fine mixing could be evaluated [3, 5].

Mostly hundreds of samples must be measured within a short time, that is possible by the aid of automatical sample changers in connection with gamma scintillation detectors, if the samples are not too big. For streaming materials monitoring of the radioactivity by a detector mounted near the stream was utilized, e.g. for the study of stay periods (resistence time).

Although carbon is the main element concerned, ^{14}C was not used as a tracer in our investigations, because it is an emitter of weak radiation (beta) only, expensive, and scarcely to be inserted into the components in the same chemical and physical form as carbon exists there. Silicon-31 is also not used because of its short halflife and low specific activity which is attainable.

So it is necessary to go other ways of labelling materials, e.g. by neutron activation of components like Cu (^{64}Cu) in copper graphite or by impurities (^{24}Na, ^{46}Sc, some rare earths).

Often the so-called heterolabelling is used, i.e. the addition of certain radioactive compounds of high specific activity which do not alter the properties of the components of interest. That is easy in the case of liquids like tar or hot pitch, it is more difficult for solids. But this method is not practicable, if the tracer does not stay within the component to be labelled: For the study of carbon brush wear we labelled successfully the carbon material by silver (^{110m}Ag), but material transfer investigations can not give correct results in this case, because carbon may be oxidised to gas (CO, CO_2) and silver remains on the surface of the rotor.

For our investigations we used tracer methods and neutron activation analysis (naa) as well and sometimes combinations of both methods.

*) Presented at the 2nd Working Meeting "Radioisotope Application and Radiation Processing in Industry", 28th September to 1st October 1982, Leipzig

Addresses: [1]) DDR-1199 Berlin, Rudower Chaussee 5; [2]) DDR-1130 Berlin, Herzbergstrasse 128–139

2. Newer examples of application

2.1. *Comparison between carbon black powder or granulate behaviour in mixing studies*

The substitution of one basic material by another one is a problem which is to handle carefully to guarantee or improve the quality of the products. That was in some cases controlled by the aid of tracer methods. So it was necessary to examine whether carbon black can be used in the form of granulate instead of powder for the production of certain small technical carbon products. We could show it to be possible for both of these materials to label them by neutron activation of their impurities. The experimental comparison between the homogeneity of the mixtures with the main components carbon black, coke, pitch, and tar gave the following results:

- The rough homogeneity is characterized by the standard deviation σ of the specific radioactivity of twelve samples (1 g each) taken from the mixture after the experiment and formed to tablets. The value of σ is 6·1% with carbon granulate and 5·5% with powder, respectively, the difference is unimportant.
- By autoradiography the homogeneity down to the mg range was evaluated. The autoradiographs show for the mixtures with carbon black powder a better homogeneity than with granulate. Nevertheless, from the number and size of black points per cm² we were able to calculate, that far more than 50% of the grains were powdered during the process. It was possible from these results to draw conclusions for the further technology to be applied in the factory.

2.2. *Comparison between different types of mixing machines*

In an analogous way as described in 2.1. it is possible to compare the effectivity of different mixing machines. For example granulated material consisting of grains from solid particles and binder was mixed in the 100 kg range. We labelled a small part of the material (about 1%) by ^{82}Br and performed the experiments for the different type machines A and B under the same conditions. The standard deviation of the radioactivity of the samples (see 2.1.) is considerably lower for machine A than B, i.e. the mixing effectivity is better in machine A. The contact autoradiographs made from the tablets show the same result: In contrary to machine A there are samples from B with nearly non radioactivity even after 30 minutes of mixing time. Optimum distribution means in these experiments, that every autoradiograph shows the same number of labelled grains, i.e. black points.

Tab. 1. Comparison between the mixing efficiency of two machines. σ = standard deviation of the radioactivity of 12 randomly distributed samples

mixing time min	machine A σ, %	machine B σ, %
12	52·8	85·1
16	23·1	53·9
25	10·6	61·1
30	11·3	47·5

2.3. *Production of silicon carbide products*

The example explained here concerns to the possibility of improving the mixing process in the production of silicon carbide bodies by addition of a surfactant to the liquid binder, described also in the GDR economic patent no. 147752 "Process for homogenizing Si-SiC-tar-pitch-mixtures" [7]. The surfactants used have the formula $R\text{-}SO_3\text{-}Na$ and were labelled by ^{24}Na. So the conditions were found out by an autoradiographical control, how to mix surfactant and binder homogeneously. Than in further experiments ^{82}Br-labelled binder (tar, pitch) with (1·5‰ or less) and without surfactant was mixed with the solid components as SiC, Si etc. of the recipe and the mixing effects were compared. Standard deviations of the radioactivity of randomly distributed samples and autoradiographs, two of these samples in the form of tablets show, that the surfactant improves the mixing process.

2.4. *Neutron activation analysis of high purity graphite (6)*

For the characterization of high purity graphite low con centrations of element impurities had to be analysed (Na Zn, As, Sb, Cu, Ag, Au). Other disposable methods did not fit the problems, so the application of naa was tried. Neutron activation for about 130 hours in the nuclear reactor at Rossendorf (10¹³ neutrons/cm² s) and high resolution gamma-spectrometry with a Ge(Li)detector and a multichannel analyzer gave sensitivities between 10^{-1} and 10^{-4} ppb for the elements mentioned above. The medium contents of these elements in the samples extended from 0·1 to 13·5 ppb. They are lower than the concentrations allowable in these cases. Autoradiographs of intersections through the cylindershaped samples showed, that the impurities are enriched near the surface. Surely the impurities stem partly from mechanical treatment of the surfaces before the neutron activation and the instrumental naa were performed.

Tab. 2. Comparison between mixing processes of SiC production mixtures with and without surfactant $R-SO_3-Na$. (σ: see table 1)

step No.	samples from mixing time	surfactant concentration 0 σ, %	0·3‰ σ, %	0·75‰ σ, %	1·5‰ σ, %
1	30 min	10·4	0·6	0·7	0·7
2	60 min	0·9	0·8	0·8	0·7
3	rolling process	1·6	1·4	2·5	0·6
4	rolling process 2	1·6	0·9	0·5	0·5

Tab. 3. Results of the naa investigations for the graphite materials E 4030 and E53

elements	Na	Zn	As	Sb	Cu	Ag	Au
radioisotopes	^{24}Na	^{65}Zn	^{76}As	^{124}Sb	^{64}Cu	^{110m}Ag	^{198}Au
sensitivities, ppb	10^{-3}	10^{-1}	10^{-3}	10^{-2}	10^{-3}	10^{-1}	10^{-4}
E 53, contents, ppb	6·6	13·5	2·4	7·8	3·8	0·7	0·5
E 4030, contents, ppb	6·3	12·7	2·0	11·5	2·8	0·1	0·8

3. Conclusions

The cooperation between the VEB EKL and the RL of the IcT of the AdW at Berlin-Adlershof is performed by a collective group of both institutions mentioned. The examples told in this paper and other results have given and as we think will further give important economical effects for EKL and interesting scientific results in the field of chemical technology and chemical analysis.

Received January 5, 1983

References

[1] *K. Wagner, R. Lenz, F. Brutschin, H. Scheerbarth,* Elektrie (1964) 248

[2] *K. Wagner, J. Legler, R. Müller,* W. *Huth,* Kernenergie 8 (1965) 185

[3] *K. Wagner, R. Lenz, H. Gaedike, R. Müller, W. Joachim,* Isotopenpraxis 5 (1969) 338

[4] *K. Wagner, B. Pfeil, F. Brutschin,* Isotopenpraxis 7 (1971) 275,

[5] *K. Wagner, G. Brutschin, I. Ritter, T. Grätsch, H. Zimmermann, H. Ebert,* Isotopenpraxis 15 (1979) 240

[6] *L. Buchmann, T. Grätsch, K. Wagner,* Isotopenpraxis 19 (1983) to be printed

[7] *W. Foest, K.-J. Schulz, U. Steffen, H. Zimmermann, K. Wagner,* DDR-Patentschrift 147 752

Isotopenpraxis **19** (1983) 7, S. 236 – 238

Deuteronenaktivierungsanalytische Kohlenstoffbestimmung in Gläsern zur Herstellung von Glaskeramiken

D. Birnstein[1]), *M. L. Böttger*[1]), *G. Carl*[2]), *W. Höland*[2]), *S. Niese*[1]), *W. Vogel*[2])

([1]) Akademie der Wissenschaften der DDR, Zentralinstitut für Kernforschung Rossendorf, Bereich KB; [2]) Friedrich-Schiller-Universität Jena, Sektion Chemie, WB Glaschemie)

Spezialgläser des Systems $MgO-Al_2O_3-SiO_2-TiO_2$ werden zur Bildung von Ti^{3+}-Ionen, die die Kristallisationsneigung fördern, mit Zucker als Reduktionsmittel erschmolzen. Der im Glas auf diese Weise gebildete Kohlenstoffgehalt muß bekannt sein, da kolloidale C-Abscheidungen ihrerseits Einfluß auf die Keimbildung nehmen können. Die aktivierungsanalytische Kohlenstoffbestimmung über die Reaktion $^{12}C(d, n)^{13}N$, die ursprünglich zur C-Bestimmung im Halbleitersilicium entwickelt wurde, wurde durch Erarbeitung der Bedingungen für Vorreinigung, Bestrahlung und Aufarbeitung der zur Untersuchung von Spezialgläsern angewendet. Die Meßergebnisse zeigen keinen Hinweis auf einen erhöhten Kohlenstoffgehalt.

Keywords

carbon 11; ceramics; charged-particle activation analysis; deuteron reactions; glass; impurities; MeV range 1 – 10; neutrons; nitrogen 13; sensitivity

Bedeutung des Kohlenstoffs in Glaskeramiken

Gläser des Systems $MgO-Al_2O_3-SiO_2$ werden in vielen Fällen als Ausgangsmaterial für die gezielte Herstellung von Glaskeramiken eingesetzt. Als wirksamer Zusatz (Keimbildner) zur Förderung der Kristallisationsneigung dieser Gläser hat sich TiO_2 erwiesen. Erste Vorstellungen [1] gingen davon aus, daß TiO_2 sich bei Wärmebehandlung aus der Glasstruktur ausscheidet und als Heterokeim über epitaxiale Wechselwirkungen für die nachfolgenden Kristallphasen als Unterlage dient. *Pavlushkin* und *Chodakovskaya* [2] sowie *Vershal* u. a. [3] begründen die Keimbildungswirkung des TiO_2 mit der verstärkten Phasentrennung und der Bildung von Magnesiumalumotitanaten. Als wesentlich für die Keimbildnerwirkung des TiO_2 hat sich der Oxydationszustand des Titans erwiesen. Bei Anwendung reduzierender Bedingungen und der damit verbundenen Ausscheidung von Ti^{3+}-Ionen in den Gläsern, konnte eine erhöhte Keimbildnerwirkung erreicht werden [4, 5].

Durch den Zusatz von TiO_2 zu ausgewählten Glaszusammensetzungen können Glaskeramiken mit herausragenden Eigenschaften erzeugt werden. *Vogel, Heidenreich* und *Weiss* [6] erhielten Glaskeramiken, die sich durch hohe mechanische Festigkeit auszeichnen.

Voraussetzung für hohe Festigkeitswerte ist die Ausscheidung von h- und t-Quarz, Enstatit und/oder Spinell als Hauptkristallphasen. Eine Steigerung der t-Quarzausscheidung läßt sich bei gleichzeitiger Senkung des Gesamttitanoxidgehaltes durch eine Erhöhung der Keimbildnerwirkung des TiO_2 erreichen, indem man durch Anwendung reduzierender Bedingungen Ti^{3+}-Spezies (Ti(III)-Sauerstoff-

Anschriften: [1]) 8051 Dresden, PF 19; [2]) 6900 Jena, Ricarda-Huch-Weg 16

verbindungen, die amorph bzw. kristallin vorliegen) in diesen Gläsern zur Ausscheidung bringt [7, 8].

Bei Untersuchungen [8] zum Einfluß von Ti^{3+}-Spezies auf den Keimbildungs- und Kristallisationsprozeß ausgewählter Gläser wurde Zucker als Reduktionsmittel dem Gemenge zugesetzt. Die zum Teil beträchtlichen Zusätze an Zucker lassen die Möglichkeit offen, daß es eventuell zur kolloidalen Ausscheidung von Kohlenstoff in den Gläsern kommt. Dies könnte zu Fehldeutungen hinsichtlich der Wirkung der Ti^{3+}-Spezies auf den Keimbildungsprozeß führen. Es ist bekannt, daß kolloidale Ausscheidungen von vorwiegend Edelmetallen [9, 11] noch im Konzentrationsbereich bis $^1/_{1000}$ Masse % als effektive Keimbildner wirken können.

Möglichkeit der C-Bestimmung in Glaskeramiken

Eine Spurenanalyse von Kohlenstoff ist in diesem Konzentrationsbereich mit naßchemischen Methoden nicht möglich. Die Neutronenaktivierungsanalyse mit ihrer in den meisten Fällen sehr niedrigen Nachweisgrenze versagt bei Elementen kleiner Ordnungszahlen auf Grund niedriger Wirkungsquerschnitte mit kurzen Halbwertszeiten der Produktnuklide. Hier bietet sich die Aktivierungsanalyse mit geladenen Teilchen (charged particle activation analysis – CPAA) an, wobei speziell für die Kohlenstoffbestimmung in Reinstsilicium grundlegende Arbeiten [12, 13] vorliegen. Von *Böttger* u. a. [14–16] wurden mit Hilfe der Reaktionen $^{12}C(d, n)^{13}N$ und $^{12}C(^3He, \alpha)^{11}C$ Nachweisgrenzen von $3 \cdot 10^{14}$ bzw. $1 \cdot 10^{14}$ At cm^{-3} entsprechend 3 bzw. 1 ppb bei chemischer Abtrennung des Meßnuklids erreicht. Eine aktivierungsanalytische C-Bestimmung in Glas wurde bisher nur in einem Falle bekannt, bei der *Borisov* [17] Fluorphosphatgläser mit Deuteronen bestrahlte, alkalisch aufschloß und ^{13}N durch Ammoniakdestillation abtrennte.

Besonderheiten der CPAA, Ausschluß von Störungen

Die Eindringtiefe geladener Teilchen ist begrenzt (z. B. von Deuteronen in einem der untersuchten Gläser mit 10% $TiO_2 \approx 235\ \mu m$). Da aus der Aktivität der oberflächennahen Bereiche der Probe auf den Gesamtgehalt geschlossen wird, kommt der Reinhalt der Oberfläche eine besondere Bedeutung zu. So können Schleifmittelreste, die bei der Herstellung der Probenscheiben in die Oberfläche eingearbeitet werden, Kohlenstoff vortäuschen. Außerdem werden im Hochvakuum des Beschleunigers aus gekühlten Flächen unter dem Einfluß des Ionenstrahls Polymerisatschichten aus Kohlenwasserstoffen abgeschieden, wobei die C-Atome teils ins Vakuum, teils ins Substrat gesputtert werden [18].

Um Fehlmessungen zu vermeiden, muß daher jede Probe sowohl vor als auch nach der Bestrahlung geätzt werden. Von besonderer Bedeutung ist auch die Wahl einer optimalen Teilchenenergie. Bei voller Ausnutzung der Energie von $E_d = 13{,}5$ MeV des verfügbaren Beschleunigers ergäben sich neben einer niedrigen Nachweisgrenze andererseits folgende Nebenreaktionen aus der Matrix:

$$^{14}N(d, t)^{13}N \quad E_s = 4{,}9\ \text{MeV} \tag{1}$$
$$^{14}N(d, dn)^{13}N \quad E_s = 12{,}0\ \text{MeV} \tag{2}$$
$$^{16}O(d, \alpha n)^{13}N \quad E_s = 8{,}4\ \text{MeV} \tag{3}$$

Da das Untersuchungsmaterial etwa 60%, d. h. makroskopische Mengen Sauerstoff enthält, würde auch noch bei 10,7 MeV, dem zur C-Bestimmung in Halbleitersilicium als optimal ermittelten Energiewert [13], ≈600 ppm Kohlenstoff vorgetäuscht werden. Durch Einschaltung von Cu- und Ta-Bremsfolien in den Ionenstrahl muß daher die Teilchenenergie unter die Schwellenenergie der Störreaktion (3) – bei gleichzeitigem Verlust an Nachweisempfindlichkeit – abgesenkt werden. Der Ionenstrom darf ebenfalls einen optimalen Wert nicht übersteigen. An Si als Targetmaterial wurde nachgewiesen, daß oberhalb von $I_D = 0{,}6\ \mu A\ cm^{-2}$ aufgrund der intensiven thermischen Belastung durch Mikrorißbildung die Eindringtiefe des implantierten Kohlenstoffs so groß wird, daß ein nachfolgender Ätzabtrag diese Störung nicht beseitigen kann.

Experimentelles

Die Gläser werden in einem gasbeheizten Ofen geschmolzen, dann sehr schnell abgekühlt (gefrittet) und danach unter erneutem Zusatz der entsprechenden Menge an Reduktionsmittel, die 1 bis 10 Masse % Zucker beträgt, in einem elektrisch beheizten Ofen nochmals aufgeschmolzen. Für die Untersuchungen wurden Scheiben von 2 mm Dicke (quadratisch, abgerundete Ecken, 24 mm ∅) aus Blöcken geschnitten, beiderseitig geschliffen und poliert. Zum Ätzen vor der Bestrahlung erwies sich die in der Industrie verwendete Kristallglaspolierlösung von $H_2SO_4 : HF = 12 : 5$ (60 °C) als weniger geeignet als eine Lösung von $HF : HNO_3$ $CH_3COOH = 20 : 10 : 5$, mit der in 2 min etwa 50 µm abgetragen wurden. Zum Ätzen nach der Bestrahlung wurde hingegen ein Gemisch von $HF : HNO_3 : CH_3COOH = 10 : 10 : 5$ verwendet, bei dem in der Wärme günstige Ätzraten von 20–30 µm in 1,5–2 mm erzielt wurden. Da sich Zusammensetzung und Struktur des Glases unterscheiden, sind auch die Ätzraten Schwankungen unterworfen. Die Bestrahlung erfolgt am äußeren Strahl des Rossendorfer Zyklotrons U 120 mit einer Bestrahlungszeit von 20 min. Die Proben werden nach der Entladung pulverisiert und mit 25 g einer modifizierten Aufschlußmischung nach *Boillot* [19], die im Verhältnis 1 : 3 aus Pb_3O_4 und einer pulverisierten Pb_3O_4/B_2O_3-Schmelze (87,5 : 12,5) sowie 5% Fe-Pulver besteht, aufgeschlossen. Die Abtrennung erfolgt in einer im Prinzip von *Engelmann* und *Marschal* [20] angegebenen Heißextraktionsanlage mit induktiver Heizung im He-Trägergasstrom. Das Gemisch passiert eine Reihe von Reaktionsgefäßen, wobei es von Staub, Halogenen, CO_2 und H_2O befreit wird und die Stickoxide zu Stickstoff reduziert werden. In einem durch flüssigen Stickstoff gekühlten spiralförmigen Absorptionsgefäß wird das Meßnuklid ^{13}N auf 5A-Molsieb festgehalten. Das Absorptionsgefäß befindet sich zwischen den Stirnfäden zweier 5″ × 4″-NaI-Detektoren einer γ, γ-Koinzidenzmeßanordnung.

Ergebnisse

Es konnte keine Abhängigkeit des Kohlenstoffgehaltes von der Menge des zugesetzten Reduktionsmittels Zucker gefunden werden. Der C-Gehalt liegt im Mittel etwa bei 40 ppm für alle Proben und ist offensichtlich auf physikalisch gelöstes CO bzw. CO_2 in den Gläsern zurückzuführen. Diese Annahme wird durch Gasblasenanalysen an ausgewählten Gläsern bestärkt, bei denen hauptsächlich CO und CO_2 gefunden wurden.

Die Untersuchungen zeigen die Möglichkeit, unter Berücksichtigung besonderen Bedingungen des Untersuchungsmaterials mittels Aktivierungsanalyse in Magnesium-Alumosilikatgläsern Kohlenstoffgehalte im ppm-Bereich zu bestimmen. Es kann gefolgert werden, daß die effektivere Keimbildungswirkung in reduzierend erschmolzenen Gläsern dem Auftreten von Ti^{3+}-Spezies zuzuschreiben ist und daß es nicht zu kolloidalen C-Abscheidungen kommt.

Eingegangen am 15. 11. 1982
Überarbeitete Fassung am 3. 1. 1983

Literatur

[1] *S. D. Stockey*, US-Patent 588994 (1956)
[2] *N. M. Pavlushkin, R. Ya. Chodakovskaya*, Konferenz über den Glaszustand, Leningrad 1969, Kongreßmat. Verlag „Nauka“ 1971, S. 66–69, (*russ.*)
[3] *B. G. Varshal, G. B. Knayasher, A. M. Gelberger*, Neorg. Mat. **9** (1973) 1809 (*russ.*)
[4] *P. Pirooz*, BDR-OS. 2236088 (1972)
[5] *H. Erxleben*, Promotionsschrift 1976, Friedrich-Schiller-Univ. Jena
[6] *W. Vogel, E. Heidenreich, H. Weiss*, DDR WP 127795 (1977)
[7] *W. Vogel, E. Heidenreich, H. Weiss*, DDR WP 127577 (1977)
[8] *W. Höland, P. Wange, G. Carl, W. Vogel, E. Heidenreich, H. Erxleben*, Veröffentlichung in Vorbereitung
[9] *S. D. Stockey*, BRD-Patent 962110 (1957)
[10] *H. R. Lillie*, Glas Technol. **1** (1960) 115
[11] *G. E. Rindone, J.* Am. Ceram. Soc. **45** (1962) 7
[12] *E. Schuster, K. Wohlleben*, Z. Anal. Chem. **240** (1968) 175
[13] *T. Nozaki, Y. Yatsurugi, N. Akiyama*, J. Radioanalyt. Chem. **4** (1970) 87
[14] *M. L. Böttger, W. Helbig, S. Niese*, Isotopenpraxis **11** (1975) 127
[15] *M. L. Böttger, D. Birnstein, W. Helbig, S. Niese*, J. Radioanalyt. Chem. **58** (1980) 173
[16] *M. L. Böttger, D. Birnstein, W. Helbig*, Isotopenpraxis **16** (1980) 124
[17] *B. A. Borisov, G. M. Malyarenko, I. G. Melnikova, R. P. Meshcheryakov, A. H. Oblivantsev, G. N. Tronov*, Fizika i khimia stekla **3** (1977) 3
[18] *M. L. Böttger, D. Birnstein, W. Helbig*, Jahresbericht ZfK-312, **1976**, 108
[19] *R. Boillot, R. Boulin, E. Jaudon*, Chim. Analytique **47** (1965) 120
[20] *A. Marschal, J. Gosset, C. Engelmann*, J. Radioanal. Chem. **8** (1971) 243

Isotopenpraxis **19** (1983) 7, S. 238–240

The Use of an AIG-Analyzer for the Investigation of SO_2-Dispersion Problems*)

W. Richter, D. Kahl

(ORGREB-Institut für Kraftwerke, Vetschau)[1])

H.-J. Große, F. Gleisberg

(Zentralinstitut für Isotopen- und Strahlenforschung der AdW der DDR, Leipzig)[2])

Modern large coal-fired power plants of the GDR are built with 300 m chimneys. Investigations of the spreading of power plant plumes have been made in many countries, but not for sources with heat emission rates greater than 400 MJ/s. In 1979 we started field experiments by means of an instrumental aircraft. On board the Interflug aircraft, a single engine AN-2, an SO_2 gas analyzer (AIG) and a CO_2 analyzer (Infralyt) were installed to characterize the plume at discrete distances down wind. The results of more than 40 flights encompassing a wide range of meteorological conditions (2–20 m/s wind speed) were compared with theoretical values. By estimating the plume axis (effective source height) and σ-parameters new knowledge was obtained.

Keywords

aerosols; air pollution; gas analysis; ionization chambers; plumes; sulfur oxides

1. Introduction

Large conventional lignite-fired power plants (installed electrical capacity in the G.D.R. up to 3500 MW) are potential sources of gas and particulate emissions (SO_2, NO_x, heavy metals.) Since the seventies new power plants have been furnished with tall chimneys (altitudes up to 300 meters). The dispersion of effluents from such large sources, demaging the environment, has not satisfactorily been studied up to now.

The results for smaller emission sources (smaller stack elevation and heat emission) are not transferable because of the significantly changed plume spreading. [1] The complexity of plume dispersion conditions is the reason for the necessity of experimental work, leading to realistic evaluations of effluent distribution.

The following methods are applicable, for instance:

Photos from the ground, from an aircraft or from a satellite [2, 3], lidar measurements [4], correlation spectrometry [5], and sounding by an aircraft [6, 7]. The authors have made their investigations of plume dispersion from a modern large lignite-fired power plant by means of three-dimensional measurements of SO_2 and CO_2 concentration in the plume. The measuring devices were installed in an aircraft. The SO_2 concentration was measured with a modified aerosol ionisation gas analyzer (AIG-SO_2), developed at the Central Institute of Isotope and Radiation Research of the Academy of Sciences in the G.D.R., Leipzig [8, 9].

*) Presented at the 2nd Working Meeting "Radioisotope Application and Radiation Processing in Industry", 28th September to 1st October 1982, Leipzig

Address: [1]) DDR-7544 Vetschau; [2]) DDR-7050 Leipzig, Permoserstr. 15

2. AIG-SO_2 for airborne investigations

The principle of measurement of the AIG-SO_2 is based on the attachment of small ions in the presence of aerosols, which must be produced from the pollution (SO_2) to be detected. For this purpose it is necessary to oxidize the SO_2 to SO_3 which produces with amines (about 20 ppm n-butylamine) a stable aerosol. This aerosol is detected in a special ionization chamber with internal radiation source (about 20 mCi ^{8}/Kr) [10] Fig. 1 shows the main technical data of the AIG-SO_2, which was designed as a stationary device for the control of immission, emission and at work places. By means of additional technical (mounting of the flow meter on a ball joint, dust filter, recorder with a paper-velocity of 3600 mm/h, transverter for 27 V DC to 220 V AC) and organizational arrangements (continuous operation of the device with 220 V AC, shorttime interruption before the start by change-over to transverter operation) it was possible to use the analyzer for airborn investigations. Because unlike other methods (e.g. coulometry), the AIG-SO_2 does not use liquids in the measuring process there are no disturbances in airborn investigations. An other advantage of this analyzer over other devices is its very favourable time behaviour, which is characterized in Fig. 2 by a better fine structure of the response and higher peaks in measurements of the immission at ground. Nethertheless, because of the relatively high velocity of the airplane (about 150 km/h) it was necessary to correct the time behaviour of the AIG-SO_2 by means of results from laboratory investigations. Moreover the influence of pressure on the response of the device caused by changes of the height of the airplane was taken into consideration. TCM-measurements outside the plume confirmed the technical data given in Fig. 1 even for airborn investigations.

Ranges:	0—250/250 ppb; 0—3,75/7,5 ppm
Detection limit:	<3 ppb
Reproducibility (≧3 m)	< ±7,2/6,0% of the end
Zero Drift (≧7 d):	< ±2,7/2,1% of the end
Lag Time:	<5 s
Application Class:	+5/+40/+25/80//1101 (TGL 22500/03)
Protection Class:	IP 43 (TGL 15165/01)
Power Requirements:	220 V AC (+10, −15%), 50 Hz (±1 Hz), 400 Watts
Physical Dimensions:	400 mm × 600 mm × 700 mm
Weight:	ca. 50 kg
Output:	0—10 mV Recorder, Instrument, Alarm Device

Fig. 1. Performance of the AIG-SO_2 [9]

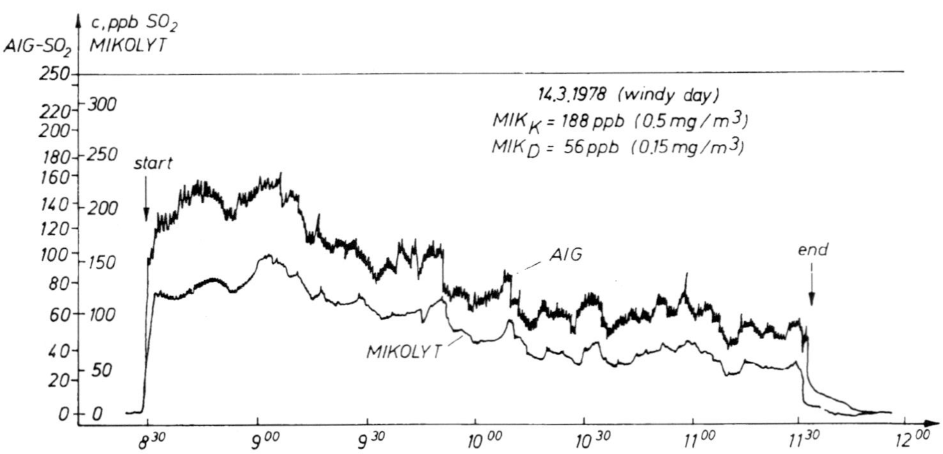

Fig. 2. Response of an AIG-SO_2 and of the coulometric analyzer MIKOLYT

3. Practice of investigation

The aim of the investigations was to find out the geometrical plume structure and its dependence on power station specific and meteorological parameters. The method of flying through the plume is shown in Fig. 3. The concentration profiles obtained are able to show the progress of plumeaxis and plume width by considering the time behaviour of measuring devices. Measuring flights were carried out in 1979 and 1980 in different seasons (except winter) and with windvelocities between 2 and 20 m/s. Together with SO_2 and CO_2 concentration profiles the outside temperature was also taken. Simultaneously a measurement of the wind vector took place at intervalls of 20 minutes by means of sounding ballons from the ground with one theodolite.

The measuring technique used, especially the SO_2 gas analyzer AIG, allowed trouble free operation even under extreme mechanic loads during the flights (take-off and landings, cruising altitudes up to 2500 meters).

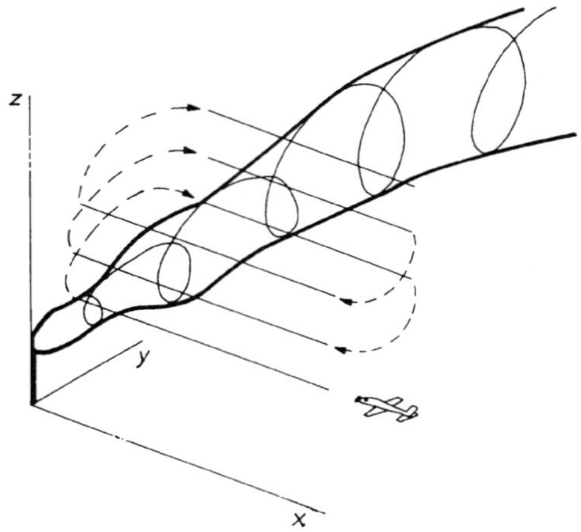

Fig. 3. Principle of plume investigations

4. Results

The investigation of plume spreading from large lignite-fired power stations with stack height of 300 meters and a heat emission of nearly 400 MJ/s yielded new and interesting results. It was possible to derive new formulas for the plume rise (Fig. 4). That means the greatest distance from stack top to plume centerline conditioned by thermical and dynamical power. The observed experimental values for plume rise are shown in Fig. 5 and for plume tops in Fig. 6. A comparison of observed values with calculated results from published formulas showed that the values obtained from the assessment of plume spreading were too unfavourable (especially the calculated values were nearly 40% of the real values). Measured plume axis up to 2000 m provided evidence that really the room of spreading is much higher

Plume top

$$H_{OG} = 5{,}8\,\frac{Q^{0.5}}{\left(u \times \frac{\Delta u}{\Delta z}\right)_{r_1}^{0.25}} \qquad (1)$$

H_{OG} plume top, m
Q heat emission, kcal/s
r_1 height from 300 – 900 m
u wind speed, m/s
$\frac{\Delta u}{\Delta z}$ gradient of wind speed, m/s/1000 m

Plume raise

$$\Delta H = 3{,}4\,\frac{Q^{0.5}}{\left(u \times \frac{\Delta u}{\Delta z}\right)_{r_2}^{0.3}} \qquad (2)$$

r_2 distance from stack top to plume top, m
ΔH plume raise, m

Fig. 4

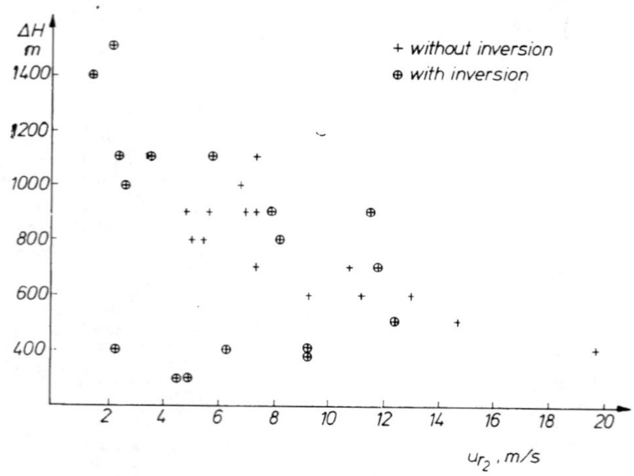

Fig. 5. Measured plume raise ΔH

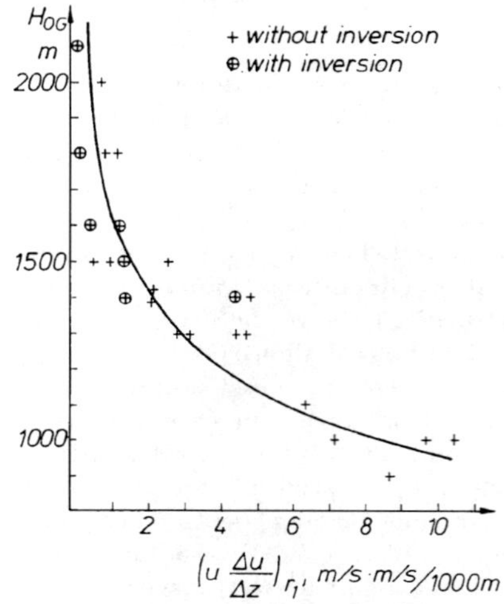

Fig. 6. Measured plume top H_{OG}

than is assumed by hitherto existing dispersion models. Regarding the horizontal plume spreading it was established that the plume widths during inversionsconditions (stable atmospharic stratification) are greater than the published values. This is a positive effect for effluent dilution.

In conclusion we can say that tall chimneys and great heat emissions from large power stations are favourable for the plume spreading during nearly all meteorological conditions. This leads to a reduction of concentrations near the ground. This accounts for the relatively low concentrations found in long-period measurements in the vicinity of power stations [7]. Therefore tall chimneys are an effective means of reducing concentration in industrial areas. The concentrations far away from power stations are not higher than immissions from chimneys with smaller stack heights and the same emissions. A prerequisite to the successfull airborn investigations was the excellent operation of the AIG.

Received December 2, 1982
Accepted in revised form December 23, 1982

References

[1] Hohe Schornsteine als Element der Luftreinhaltungspolitik in Nordrhein-Westfalen, hrsg. und veranstaltet vom Minister für Arbeit, Gesundheit und Soziales des Landes Nordrhein-Westfalen, Kolloquium am 11. 12. 1980 in Düsseldorf

[2] *H. Rauch*, Zur Schornsteinüberhöhung, Institut für Meteorologie an der TH Darmstadt, Beiträge zur Physik der Atmosphäre **37** (1964)

[3] *E. Randson, H. Garcia, E. Whitehead*, Journal of the Air Pollution Control Association **10** (1971) 1122

[4] *H. Bacci, E. Elisei, E. Longhetto*, Atmospheric Envir. 8 (1974) 1177

[5] *W. Struwe*, Kraftwerk und Umwelt 1981, VGB-Konferenz

[6] EPA-600/4-79-043, Airborne Measurements of Power Plant Plumes in West Virginia

[7] *W. Richter*, Beherrschung der Immissionsdauerbelastung, ORGREB-Institut für Kraftwerke, Berichts-Nr.: PKA 2/4151/FE/81 (unveröffentlicht)

[8] *H.-J. Große, H.-R. Döring, F. Gleisberg*, ZFI-Mitteilungen **22** (1979) 44

[9] *H.-J. Große, H.-R. Döring, F. Gleisberg*, Staub Reinhaltung der Luft **42** (1982) 197

[10] *H.-J. Große, H.-R. Döring, F. Gleisberg*, DDR-WP 140688 (1978)

Isotopenpraxis 19 (1983) 7, S. 241 – 242

Examples for Radioisotope Application in Environment Protection*)

V. Friedrich

(Institute of Isotopes of the Hungarian Academy of Sciences, Budapest)[1])

A radiotracer method using ^{82}Br as tracer isotope was applied to determine the average residence time of the wastewater in a basin of 100 000 m³ volume, constructed for the wastewater treatment system of a chemical factory. The analysis of the outlet water activity vs. time curves provided important informations concerning the hydraulic characteristics of the basin.
Laboratory and in situ experiments were performed to test the applicability of the radiotracer method for determination of ground water flow rate and direction. Single well and double well techniques were used, with ^{82}Br and ^{131}I as tracer isotopes. The results were comparable to hydrogeologic data.

Keywords

average residence time; double well technique; ground water flow; radiotracer method; single well technique; was te water treatment

1. Introduction

One possible way of environment pollution in the surroundings of industrial establishments (e.g. chemical factories, conventional or nuclear power stations, wasteburial sites) is the pollution of surface waters and ground water. The pollution of surface waters can be reduced by the treatment of industrial wastewaters. One of the well-known establishments for wastewater treatment is the sedimentation basin. Large basins are generally established as the last step of wastewater cleaning technology for settling of solid material and aerating of water. The effectiveness of these basins depends on their hydraulic characteristics, first of all on the average residence time of the water in the basin. The pollution of ground water occurs usually as a consequence of accident situations (for example the damage of tanks, reservoirs, containing harmful liquids) and the only possibility to save the environment is to select the possible location sites for these establishments from the point of view of ground water flow rate and direction as well.

The application of radiotracer methods for the determination of the average residence time of water in a 100 000 m³ volume sedimentation basin and for the measurement of ground water flow rate and direction is briefly reported below.

2. Determination of the average residence time of water in a sedimentation basin of 100 000 m³ volume

The examined establishment was the sedimentation basin of a chemical factory. The basin served as the last stage of the wastewater cleaning technology before discharging into a river. The aim of the examination was to check, whether the residence time of water was really the same that could be calculated from the geometric data of the basin and the input and output water flow rate.

2.1. *Description of the examined system*

Breadth of the basin was 100 m, length 400 m, average depth 2·5 m. For the distribution of the water at the inlet and collection at the outlet tubes with holes on every 10 metres were located near to the bottom of the basin parallel with the two shorter banks.

2.2. *Experimental conditions*

The inlet flow rate of water was 366 m³/h. Two litres of ammonium-bromide solution labelled with ^{82}Br radioisotope was fed into the inlet tube during about 4 min. This was equivalent of 23 m³ labelled water, calculated from the above mentioned volumes and flow rate. The radioactivity of the used isotope was 22 GBq. A method described in [1] was used for the calculation of the amount of isotope. For indication of the labelled water at the output of the basin scintillation detectors connected with ratemeters and recorders were used.

2.3. *Results*

Comparing the time of injection to the probable average residence time of water the labelling process could be stated as an impulse-like one. According to the well-known laws of flow one logarithmic normal distribution curve [1] could be expected as a response at the output of the basin.

The recorded curves showed more peaks, the amplitude of the first one was the highest. The mathematical analysis of the output curve [1, 2] showed that it was the superposition of more logarithmic-normal distribution curves. The average residence time calculated from the first component was about 9 hours, that was significantly less than the previously calculated 20 hours. On the other hand, when calculating the average residence time from the whole curve, that value was about 46 hours.

*) Presented at the 2nd Working Meeting "Radioisotope Application and Radiation Processing in Industry", 28th September to 1st October 1982, Leipzig

[1]) Address: H-1525 Budapest, PF 77

These results showed that there were "channels" in the basin with relatively high flow rate and "dead areas". When calculating the approximate water volumes belonging to the single peaks the hydraulic efficiency of the basin could be estimated, and it was less than 20%.

3. Measurement of ground water flow rate and direction

The aim of this work was to get basic data for the calculation of the risk of environment pollution in the surroundings of a new nuclear establishment. Two of the borehole techniques were used: the single well and double well methods [3]. Both methods were previously tested in laboratory experiments.

3.1. *Experiments on laboratory-scale model*

A metal basin with geometric data of 4 m $\times$ 0·5 m $\times$ 0·5 m was filled with sand saturated with water. Through a gravel layer, located at the input of the basin continouos waterflow entered the basin, and the flow rate could be adjusted by the level difference of the inlet and outlet points. The geometry of the basin determined the flow direction.

Three "wells" were bored into the sand-bed: the first one for the injection of the labelling isotope, the second and third for the nuclear detectors. In the case of the double-well method the linear flow rate of water was calculated from the time of appearance of the isotope in the second and third well and the distance between the wells.

In the case of single well method the injection and detection was carried out in the same well. The detector in this measurements was surrounded by a lead collimator. The collimator was moved round and the measured intensities were recorded as the function of direction and time.

The used tracer material was potassium iodide labelled with ^{131}I radioisotope.

3.2. *Site experiments*

At the site of the nuclear establishment only the double-well technique was used. A central borehole served as the injection well and four monitor wells were bored around it. The distance between the central borehole and the monitor wells was about 2 meters and their depth was 10 meters, according to the actual ground water level (8 m).

The water of the central borehole was labelled with the solution of $NH_4{}^{82}Br$. The total activity of the isotope in one experiment was about 11 GBq.

Scintillation detectors were put into the observation wells, water samples were taken periodically as well, for more sensitive measurements.

3.3. *Results*

The flow rate and direction values, determined on the laboratory model were in very good agreement with those calculated from the known hydraulic data fo the basin.

In the case of the site measurements, only a probable direction and an upper limit for the flow rate was measurable due to the slow ground water movement, but these values were in agreement with hydrogeologic data. The linear flow rate was less than 5×10^{-4} cm/s. This value is acceptable when the ground material is not pure sand, but contains other minerals, e.g. clay. In such cases, other isotopes should be used with longer half-life time than that of ^{82}Br.

Received December 22, 1982

References

[1] *D. Groche*, Die Messung von Fließvorgängen in ausgeführten Bauwerken der Abwasserreinigung ..., München: Kommissionsverlag R. Oldenburg 1964

[2] *H. Gebelein, H. J. Heite*, Statistische Urteilsbildung, Berlin – Göttingen – Heidelberg: Springer-Verlag 1951

[3] Isotope Hydrology 1970, Proc. Symp. Vienna 9 – 13 March 1970 Vienna: IAEA 1970

Isotopenpraxis 19 (1983) 7, S. 243–244

Radionuclides in the Investigation of the Cumulation of Toxic Elements on Alga and Fish*)

J. Starý, A. Zeman

(Department of Nuclear Chemistry, Czech Technical University, Prag)[1])

B. Havlík

(Institute of Hygiene and Epidemiology, Prag)[2])

Radionuclides are very suitable for the investigation of the cumulation of toxic elements on alga and fish. The present paper surveys the most important results obtained using $^{51}Cr(III)(VI)$, ^{65}Zn, $^{74}As(III)(V)$, $CH_3{}^{74}AsO(OH)_2$, $(CH_3)_2{}^{74}AsO(OH)$, $(CH_3)_3{}^{74}As$, ^{85}Sr, ^{86}Rb, ^{115m}Cd, ^{133}Ba, ^{137}Cs, $^{203}Hg(II)$, $CH_3{}^{203}HgCl$ *and* $C_6H_5{}^{203}HgCl$ *for the study of the cumulation, release and chemical transformation of the above species on alga and fish.*

Keywords

algae; fishes; radioisotopes; toxicity

1. Introduction

Recently, several papers have been published dealing with the cumulation of toxic elements on alga and fish. It has been found that many elements can be concentrated by alga in a such extent that alga can be used for the purification of waste water or for the monitoring of the pollution of surface water. Unfortunately, the results obtained by different authors are often contraversive which can be explained by the following reasons:

1. The cumulation of individual elements is a rather complex process depending on many parameters.
2. Different authors used different types of alga or fish in different experimental conditions.
3. The influence of some important factors (e.g. *p*H), changing during the experiment, was neglected.
4. The analytical procedures used were not sufficiently precise as to describe quantitatively the cumulation or release of the element in question.

The use of radionuclides enables very simple and rapid determination of the cumulation factor F (the ratio of the concentration of the element investigated on alga and in water) for alga or the cumulation constant K_w (characterising the uptake of element in question from water) and the biological half-life T for fish.

2. The cumulation of toxic metals on alga

The following general conclusions can be made from our investigations [1–4]:

1. The cumulation of elements studied is predominantly (at least in the first stage) a physico-chemical process on the surface of algal cells.
2. The cumulation factor F is independent in a certain region on the concentration of algal cells. Approximatively the same F-values were obtained for living as well as for dead cells.
3. The highest cumulation (F_0-value) was obtained at lowest concentration of the element investigated using high concentration of algal cells.
4. The F-value for individual elements increase with the decrease of the mean geometric volume of one cell V_a (log F of chromium(III)) equals in neutral medium to about 6·1 and 4·6 for alga Microcystis incerta ($V_a = 1{\cdot}2 \times 10^{-12}$ cm³) and Chlamydomonas geitleri ($V_a = 4{\cdot}3 \times 10^{-9}$ cm³) [1], respectively. Under the same experimental conditions, the product $F \times V_a \times S_a^{-1}$ (where S_a denotes the mean geometric surface of one cell) is approximately constant value for different types of alga.
5. The cumulation factor of alkali metals and alkali earths increases with the increase of equilibrium pH (the slope of the curve log F vs. pH is about 1) reaching its maximum value at $p\mathrm{H} > 7$ [3]. The cumulation of zinc and cadmium increasing even at $p\mathrm{H} > 8$ [2], whereas the cumulation of mercury and arsenic species practically does not depend on pH [2, 4]. Algal cells strongly cumulate hydrogen ions and change by this manner the initial pH-value.
6. The cumulation factor at $p\mathrm{H} = 7$ decreases in the order (the values of log $F_a \times V_a \times S_a^{-1}$ for alga Chlorella kessleri and Scenedesmus obliquus are given in brackets): H^+ (1·6), Cr(III) (1·0), $HgCl_2$ and C_6H_5HgCl (0·0), CH_3HgCl (−0·2), Zn (−0·6), Cd and Ba (−0·8), Ca and Sr (−1·0), Mg (−1·4), As(V) (−1·6), $CH_3AsO(OH)_2$ (−2·1), Cs and Rb (−2·7), $(CH_3)_2AsO(OH)$ (−2·8), K (−2·9), Na (−3·0) and Li (−3·2). The cumulation of Cr(VI) is at least three order lower than that of Cr(III).
7. The cumulation of alkali metals and alkali earths can be quantitatively described by the affinity constant $K_M = F \times [A]^{-1}$ where [A] denotes the free capacity of algal cells to cumulate the above elements. The affinity constants for alga Chlorella kessleri and Senedesmus obliquus decrease in the order (the log K_M-values are given in brackets): H^+ (6·2), Ba^{2+} (4·8), Sr^{2+} and Ca^{2+} (4·6),

*) Presented at the 2nd Working Meeting "Radioisotope Application and Radiation Processing in Industry", 28th September to 1st October 1982, Leipzig

Addresses: [1]) 11519 Praha 1, Břehová 7, Czechoslovakia; [2]) 10042 Praha 10, Šrobárova 48, Czechoslovakia

Tab. 1. Biological half-time T and the maximum concentration of toxic substances in fish $c_{f,max}$, consumed in food

Metal or compound	T (%) d	$c_{f,max}$ in $K_m \cdot c_m$
Cr(III)	0·3 ± 0·1 (99·9); 15 ± 4 (0·1)	0·45
Cd	0·25 ± 0·05 (98); 35 ± 5 (1·5)	1·1
As(V), $CH_3AsO(OH)_2$, $(CH_3)_2AsO(OH)$	0·3 ± 0·1 (95); 35 ± 5 (5)	3
Zn	0·25 ± 0·05 (95); 66 ± 9 (5)	5
Hg(II)	0·3 (82); 7 ± 1·5 (12); 60 ± 15 (6)	6·6
C_6H_5HgCl	6 ± 1	26
CH_3HgCl	110 ± 20	160

Mg^{2+} (4·2), Cs^+, Rb^+ and NH_4^+ (2·9), K^+ (2·7), Na^+ (2·6) and Li^+ (2·4) (3). The value of log K_M for C_6H_5HgCl and CH_3HgCl equals to 6·2 and 6·0, respectively [4].

8. The F-values of Cr(III), Hg(II), CH_3HgCl, C_6H_5HgCl, Zn, Cd and Ba can be substantially decreased only in the presence of reagents forming negatively charged complexes in conditions studied. The cumulation of As(V) is increased in the presence of metal cations forming insoluble arsenates; it decreased in the presence of phosphates.

3. The cumulation of toxic metals in fish

The uptake of toxic elements by fish (Poecilia reticulata) directly from water or sorbed on food and their release has been studied in order to determine the content of these metals in fish in different experimental conditions [5–9]. The radioactivity of fish was measured in vivo; in some case fish was killed, homogenised and analysed for the content of individual chemical forms.

The following general conlcusions can be made from these studies [5–9]:

1. Only methylmercury chloride, phenylmercury chloride, trimethylarsine and elementar iodine (to some extent also mercury(II)chloride) are cumulated rapidly by fish directly from water. The mean values of the cumulation constant K_w equals to 237 ± 67 d^{-1} and 212 ± 49 d^{-1} for CH_3HgCl and C_6H_5HgCl, respectively which means that after one day of the exposition the concentration of both species is more than 200 times higher than that in water. The release of methylmercury by fish is relatively slow: the mean value of the biological half-time T is 110 ± 20 days [5] (the release or clearance constant $\lambda = \ln 2 \times T^{-1} = 0{\cdot}0063\ d^{-1}$). The concentration of methylmercury in fish, c_f, can be generally expressed as

$$c_f = \frac{K_w \cdot c_w}{\lambda} (1 - e^{-\lambda t})$$

where c_w is the concentration of methylmercury in water
t is the time of exposition in days

From the above equation it follows that the maximum concentration of methylmercury in fish, $c_{f,max}$, will be about 4×10^4 times higher than that in water [5]. The release of phenylmercury is rather complicated because this compound decayed in fish into inorganic mercury with a half-time 2·4 ± 0·3 days which is released with T = 7·0 ± 1·5 days (67%) and 60 ± 15 days (33%). Phenylmercury is released also directly in water with T = 6 ± 1 days [6]. From these data it can be calculated [7] that the maximum concentration of phenylmercury and inorganic mercury (formed in fish) equals to $5 \times 10^2\ c_W$ and $5 \times 10^3\ c_w$, respectively. Chromium(III), zinc and cadmium are cumulated in a low extent ($K_w < 1-2\ d^{-1}$), whereas only negligible uptake has been observed in the case of arsenic(III) (V), methylarsonic acid and dimethylarsinic acid [8, 9].

2. The experiment with fish fed by food containing labelled toxic elements or compounds showed a great differences. The biological half-time T determined in our studies [5–9] for individual species is given in Tab. 1. The maximum concentration of elements or compounds in fish can be calculated [7] from T-value, mean weight of consumed food (in g) daily per g of fish (K_m) and the concentration of element or compound in food (c_m). From this Table it is evident that the cumulation increases in the order: Cr(III), Cd, arsenic(V) species, Zn, Hg(II), C_6H_5HgCl and CH_3HgCl.

Received January 10, 1983

References

[1] *J. Starý, B. Havlík, A. Zeman, K. Kratzer, J. Prášilová, J. Hanušová*, Acta Hydrochim. Hydrobiol. **10** (1982) 251
[2] *J. Starý, K. Kratzer*, J. Environ. Anal. Chem. **12** (1982) 65
[3] *J. Starý, K. Kratzer, J. Prášilová*, J. Environ. Anal. Chem., **14** (1983) 161
[4] *J. Starý, K. Kratzer, J. Prášilová*, J. Indian Chem. Soc., **49** (1982) 1329
[5] *J. Starý, K. Kratzer, B. Havlík, J. Prášilova, J. Hanušová*, Int. J. Environ. Anal. Chem. **8** (1980) 189
[6] *J. Starý, B. Havlík, K. Kratzer, J. Prášilová, J. Hanušová*, Acta Hydrochim. Hydrobiol. **9** (1981) 545
[7] *J. Starý, K. Kratzer*, Radiochem. Radioanal. Letters **44** (1980) 37
[8] *J. Starý, K. Kratzer, B. Havlík, J. Prášilová, J. Hanušová*, Int. J. Environ. Anal. Chem. **11** (1982) 117
[9] *J. Starý, K. Kratzer, J. Prášilová, T. Vrbská*, Int. J. Environ. Anal. Chem., **12** (1982) 253

Isotopenpraxis 19 (1983) 7, S. 245–247

Kurze Originalmitteilungen

Exogenous ^{3}H-Thymidine and Protein Synthesis in Pregnant Guinea-Pigs

M. F. Abdel-Wahab[1]), *F. B. S. Wehaish*[2]), *S. F. El-Mougy*[2])

([1]) Radioisotope Dept. AEE., Cairo; [2]) Dept. of Physiology, Faculty of Veterinary Medicine, Zagazig University, Egypt)

Keywords

adrenal hormones; dexametasone; estrogens; oxytocin; progesterone; thymidine; tritium compounds; uterus

Introduction

A well established fact, is that sex steroid hormones play a vital role throughout pregnancy. Progesterone is a key hormone in the maintenance of pregnancy in both women and laboratory female animals, in addition to estrogen, dexamethasone and oxytocin which have vital role during the course of pregnancy and especially at the termination of pregnancy by labour. In guinea pigs, exogenous administration of estrogen during early pregnancy caused luteal regression and termin the pregnancy. Injection of oxytocin stimulated the myometrium to deliver the foetus within about one hour from injection. Progresterone adminstration is incapable of maintaining pregnancy beyond its normal terminations. While infusion of corticosteroids to either the mother or the foetus failed to induce premature parturation *Donovan* and *Peddie* [1].

The mechanism of action of steroid hormone has been the subject of extensive investigation in the past decade, *Jensen* and *Desombre* [2]. Steroids enter cells from the vascular system and interact with high affinity and specificity with soluble protein receptors which are found only in target cells of those steroids. The interaction of the receptor within the steroid resulted in binding and nuclear translocation of the receptor (as a complex with the steroid by a defined mechanism). The expression of messenger RNA and translation of these mRNA into proteins However, intercellular steroid receptors proteins have been identified for estrogen, progestins and glucocorticoids in rat brain. Progesterone receptors in uterus, pituitary, and brain, *Kato* and *Onouchi* [3]. Estradiol is capable of inducing increase of 10 fold or more in progesterone receptor levels in uterus and pituitary and 2 to 3 fold of progesterone receptor level in hypothalamus and preoptic area, *MacLusky* et al. [4].

The present study is undertaken to obtain further information about the effect of adminstration of estrogen, progesterone, oxytocin, dexamethasone on tissue DNA synthesis at the midstage of pregnancy in guinea pigs.

Material and Methods

Native breed of guinea pigs were used in this study, their ages ranged from 2–3 months and weighed 450–550 grammes. They were mated naturally and the day of mating was recorded as day zero. Pregnancy was diagnosed by abdominal palpation. Parturiton was known with a maximum error of 12 hours.

Pregnant females were separated in special cages. After 30 days of pregnancy, several hormonal injection were done for a period of 2 weeks.

Group 1: 10 pregnant gunica pigs injected intramuscular daily with 0.1 ml olive oil starting from the day 30 of pregnancy.

Group 2: 10 pregnant guinea pigs injected daily i.m. with 0.5 mg of B-estradiol benzoate.

Group 3: One mg of progesterone injected daily i.m. in 10 pregnant guniea pigs.

Group 4: 10 I.U of oxytocin injected daily I.m in each 10 pregnant guinea pigs.

Group 5: 10 pregnant guinea pigs injected daily i.m. with 1 mg of dexamethasone.

One hour before killing, each pregnant guinea pig received i.p. 0.5 ml/500 g body weight ^{3}H-thymidine (sp. act 5 Ci/mM. Radiochemical Centre Amersham). The uterus excised for counting. A portion of the uterus from each animal was taken and digested to a clear fluid after treatment with a mixture of nitric acid, perchloric acid and hydrogen peroxide. The ^{3}H was counted and expressed uptake of ^{3}H.

The results were statistically analysed using student "t" test.

Results and Discussion

Tab. 1 and 2 show the radioactivity and percentage uptake of thymidine by the organs during different stages of pregnancy and after exogenous injection of steroid hormones for 15 days at 30 day pregnant guinea pigs.

Steroid hormone receptors concentration can vary under hormonal, developmental, genetic, pathological and pharmacological circumstances. These variations in spite of the limited information on structure and molecular mechanism of activity of receptors of all hormonally controlled process. Endocrinology should therefore include the study of hormone by receptor variations.

Our observation revealed gradual increase in the percent uptake of ^{3}H-thymidine by the previous mentioned organs, throughout the stages of pregnancy in the control group. These results supports the findings of several investigators that progesterone did not alter the response of nuclear protein synthesis to estrogen, but resulted in a large and rapid, transent increase in incorporation into total protein, *Smith*, *Martin* and *King* [5]. Ostradiol stimulates an increase in

Tab. 1. The Radioactivity and percent uptake of ^{3}H-thymidine during different stages of pregnancy in guinea-pegs

Organs	% uptake of ^{3}H/organ			
	Non pregnant	30 days pregnancy	45 days pregnancy	After parturition
Uterus	0.013	0.018 ± 0.0090*)	0.082 ± 0.000100*)	0.054 ± 0.0055*)
Ovary	0.028	0.030 ± 0.0005*)	0.044 ± 0.0080*)	0.054 ± 0.0065*)
Adrenals	0.031	0.041 ± 0.0100*)	0.058 ± 0.0062*)	0.074 ± 0.0082*)
Liver	0.025	0.54 ± 0.0300*)	0.059 ± 0.0010*)	0.073 ± 0.0095*)
Brain	0.020	0.141 ± 0.0050*)	0.051 ± 0.0055*)	0.074 ± 0.0120*)

± Standard error
*) Significant at $P < 0.01$

Tab. 2. The radioactivity and percent uptake of ^{3}H-thymidine by the organs after exogenous injection of steroid hormones for 15 day at 30 days pregnant guinea pegs

Organ	45 days of Pregnancy				
	Control	Estrogen	Progesterone	Oxytocin	Dexamethazone
Uterus	0.082	0.047 ± 0.003*)	0.088 ± 0.001*)	0.036 ± 0.009*)	0.083 ± 0.003
Ovary	0.044	0.45 ± 0.003	0.038 ± 0.002*)	0.078 ± 0.006	0.053 ± 0.005*)
Adrenal	0.058	0.053 ± 0.006	0.076 ± 0.005*)	0.027 ± 0.045*)	0.046 ± 0.004*)
Liver	0.059	0.054 ± 0.008	0.079 ± 0.004*)	0.096 ± 0.015*)	0.05 ± 0.002*)
Brain	0.051	0.055 ± 0.005	0.074 ± 0.005*)	0.089 ± 0.012*)	0.039 ± 0.003*)
	After parturation		After partirition		After parturition
Uterus	0.054	Intrauterine foetal dath on day 45 P.C.	0.067 ± 0.009*)	Premature delibery on day 45 P.C.	0.083 ± 0.007*)
Ovary	0.054		0.058 ± 0.006		0.053 ± 0.006
Adrenals	0.074		0.058 ± 0.003*)		0.046 ± 0.004*)
Liver	0.073		0.057 ± 0.004*)		0.050 ± 0.003*)
Brain	0.074		0.052 ± 0.002*)		0.039 ± 0.005*)

± Standard error
*) $P < 0.01$

uterine thymidine, cell division and consequently whole uterine DNA content where as non steroidal antiestrogen are reportedly less active (*Kang*, *Anderson* and *Desomber* [6]). And after estrogen adminstration uterine RNA concentration is increased *Billing* et al. [7]. Increase in ribosomal and transfer RNA, increase ovarian weight and increase protein RNA DNA in the liver *Schwartz* and *Heinr* [8].

The present work showed that progesterone decrease the % uptake of ^{3}H in the ovary, these due to decrease in receptor concentrations, which was conformity with findings of *Baulieu* [9] they showed that decrease in receptor concentration should diminish hormone activity, based on this and the fact the progesterone inactivates its own receptors.

The results of the present investigators showed that dexamethasone, decrease in the % uptake of ^{3}H in the liver, these agree with the findings of *Ronser* and *Polimeni* [10].

The present observation after exogenous injection of steroid hormone support the suggestion of several investigators that heterogeneity exsists in the nature of steroid receptors complexes *Defer* et al. [11]. The study of the uterine progesterone receptors during the estrus cycle led to discovery of the double regulatory contral of steroid receptors concentration. A positive control is readily observed when under physiological and parmacological conditions, progesterone receptors synthesis is increased by estradiol. A result probably explaining the priming effect of estrogen on progesterone action. Such a positive control is more difficult to analyse when the hormone itself increases the concentration of its receptor as for estradiol and androgens. Inversely progesterone exerts a nagative control by accelerating the decay of its available receptors binding sites. Pasitive and negative controls of receptors concentration are not the same according to the cell type, state of development, hormonal metabolic and functional circumstances. Such a complexity is obvious when we consider the interplay between progesterone and estradiol actions, since, it has been observed that progesterone may increase estradiol receptors concentration directly or decrease the estradiol-dependent increase in estradiol receptors *Tseng* and *Gurpide* [12].

Moreover, according to the dose, estradiol and progesterone can be agonistic or antagonistic for the same parameter (ovalbumin synthesis) and under certain circumstances, progesterone may be simultaneously synergic to estradiol for ovalbumin and canalbumin synthesis and antiestrogenic with respect to the increase in DNA polymerase.

The presence of the receptors is necessary for steroid hormone responses and its concentration is directly implicated in the extent of the effect obtained.

Summary

Changes in the uptake of ^{3}H-thymidine in the uterus, ovary, adrenal, liver and brain of pregnant guinea pigs, were recorded after daily injection of estrogen, progesterone, oxytocin and dexamethasone. Each animal was killed after one hour from receiveing 0·75 ml of ^{3}H-thymidine as a single interperitonealy dose.

There was a gradual increase in the uptake of ^{3}H-thymidine in the above mentioned organs, throughout the stages of pregnancy in the control group.

The group treated with estrogen for 2 weeks showed decrease in the percent uptake of ^{3}H-thymidine by the uteries.

Progesterone treatment, changed the uptake to thymidine, which caused decrease in the ovary and increase in the remaining organs after 2 weeks, while after labour caused increase in the uterus and decrease in adrenal, liver and brain thymidine level.

At the same time, oxytocin after 2 weeks treatment caused a decrease in uterus and increase in the remaining organ in the uptake of thymidine.

The uptake of thymidine in the group treated with dexamethasone was decreased in adrenal, liver, brain, while increased in ovary. On the other hand, this group after labour, showed an increase in the uterus and decrease in the remaining organs.

Received December 8, 1982

References

[1] *B. T. Donovan, M. J. Peddie*, J. Endocrinal **61** (1974) 1111
[2] *E. V. Jensen, E. K. Desombre*, Ann. Rev. Biochem. **41** (1972) 203
[3] *J. Kato, T. Onouchi*, Endocrinology **101** (1977) 920
[4] *N. J. MacLusky, L. Krey, I. Lieberbung, B. S. McEren*, Endocrine Soc. 60 th Ann Mtg., Miami, Abst. 447 (1978) 298
[5] *J. A. Smith, L. Martin, R. J. B. King*, *Basic* Action of Sex Steroids on target organs (1971) 221 – 226
[6] *Y. H. Kang, W. A. Anderson, E. R. Desombre*, J. Cell Biol. **64** (1975) 682
[7] *R. Billing, B. Barberall, R. Smallie*, Biochem. Biophys. Acta **190** (1969) 60
[8] *E. Schwartz, F. Heinr*, Biochem. pharmacol **19** (1970) 23
[9] *E. E. Baulieu*, J. Eur. Obst. Gynecol. Reprod. Biol. **4** (1915) 161
[10] *W. Rosner, S. T. Polimeni*, Steroids **31** (1978) 427
[11] *N. Defer, B. Dastugue, J. Kruh*, Biochemie **56** (1974) 1549
[12] *L. Tseng, E. Gurpide*, J. Clin. Endocrinol. Metab. **46** (1978) 635

Isotopenpraxis **19** (1983) 7, S. 247 – 248

Zur Auswertung von *Fricke*-Dosimetern

K. Mauersberger

(AdW der DDR, Zentralinstitut für Isotopen- und Strahlenforschung)[1]

Keywords

chemical dosemeters; gamma dosimetry; gamma radiation; iron; irradiation plants; radiation doses; spectrophotometers

Unter den chemischen Dosimetern zur Bestimmung relativ hoher γ-Dosiswerte ist das *Fricke*-Dosimeter wohl das bekannteste [1]. In einer strahlenchemischen Reaktionskette wird vorgelegtes Fe^{2+} zu Fe^{3+} oxidiert, dessen quantitative Bestimmung durch Absorptionsmessungen an der Fe^{3+}-Bande mit dem Maximum bei 304 nm erfolgt. Die Fe^{3+}-Konzentration ist der applizierten Dosis in weiten Bereichen proportional.

Die Ausmessung der Bande bei 304 nm wird gewöhnlich mit einem registrierenden UV-Sepktralphotometer mit Quarzoptik – z. B. am SPECORD UV-VIS des VEB Carl Zeiss Jena – vorgenommen. Die Transparenz von Gläsern ist bei dieser Wellenlänge nahezu Null.

Im Zusammenhang mit dem Betrieb der γ-Bestrahlungsanlage GBZ 81 erschien es wünschenswert, den erforderlichen apparativen Aufwand für die γ-Dosiskontrolle zu verringern, zumal für diesen Zweck keine hohen Anforderungen an die Meßgenauigkeit gestellt werden. Der zu erfassende Dosisbereich lag zwischen 30 und 70 Gy.

Es zeigte sich, daß der langwellige Flügel der genannten Absorptionsbande sich bis zu Wellenlängen erstreckt, die noch im Arbeitsbereich des SPEKOL liegen, wenn das Emissionskontinuum der Hg-Entladungslampe HgE 2 genutzt wird. Eine genauere Untersuchung der Extinktion von Fe^{3+}-Lösungen am SPEKOL im Gebiet von 320 bis 360 nm zeigte, daß bei 334 nm ein sekundäres Absorptionsmaximum mit einem molaren Extinktionskoeffizienten von $s = 640\ l \cdot Mol^{-1} \cdot cm^{-1}$ liegt. Es läßt sich abschätzen, daß beim Arbeiten mit 3 cm-Küvetten für den betrachteten Dosisbereich genügend große Extinktionsdifferenzen auftreten, die eine zufriedenstellende Genauigkeit der Dosiskontrollmessungen erreichen lassen. Die Eichung der Methode erfolgt mittels definiert bestrahlter *Fricke*-Lösungen und ergab, wenn eine quadratische Regression mit minimalem relativem Fehler angesetzt wird, folgende Beziehung zwischen der Dosis D und der Extinktion E:

$$D(\text{Gy, } 24\ ^\circ\text{C}) = 181{,}5\ E^2 + 159{,}6\ E - 1{,}075\ .$$

Dosiswerte von 30 bzw. 70 Gy ergeben Extinktionen von 0,16 bzw. 0,32.

Eine Prüfung der Reproduzierbarkeit der Methode wurde, da bestrahlte *Fricke*-Lösungen zeitlich nicht stabil sind, mit angesäuerten Fe^{3+}-Lösungen im Konzentrationsbereich von 0,5 bis $2{,}0 \cdot 10^{-4}$ Mol · l^{-1} Fe^{3+} vorgenommen und ergab

[1]) Anschrift: DDR-7050 Leipzig, Permoserstr. 15

bei einer Zuverlässigkeit von 95% eine Schwankungsbreite der Extinktions- und Dosisbestimmung von etwa ±2,5%. Die Extinktion nimmt mit steigender Temperatur um 0,9%/K zu, so daß z.B. für 35 °C gilt:

$$D(\text{Gy}, 35\ °\text{C}) = 149{,}3\ E^2 + 145{,}4\ E - 1{,}112$$

Von der apparativen Seite sind außer dem mit einer Hg-Leuchte und einem Extinktionsansatz EK 5 ausgerüstetem SPEKOL 2 St. 3 cm-Küvetten, ein Filter UG 2 und ein dem SPEKOL und der Leuchte vorgeschalteter Netzkonstanthalter (±1% oder besser) erforderlich.

Die beschriebene Meßmethode hat sich in der Praxis bewährt.

Eingegangen am 15. 11. 1982

Literatur

[1] *W. Stolz*, Isotopenpraxis **3** (1967) 77

Isotopenpraxis **19** (1983) 7, S. 248–254

Informationen

IAEA. Im Heft 3 des International Atomic Energy Agency Bulletin sind u. a. folgende Beiträge enthalten:
An assessment of nuclear energy in developing countries: how the Agency can help — by *L. L. Bennett*, *J.-P. Charpentier*, and *J. A. Marques de Souza*;
Isotope hydrology techniques — practical tools to solve water problems — by *B. R. Payne*;
Industrial technology transfer in Asia and the Pacific — by *E. E. Fowler*;
Applying nuclear techniques to agriculture in Brazil — by *P. Willstätter-Greig*;
International dose-assurance in radiation technology — by *K. H. Chadwick*;
Predicting the behaviour of nuclear materials — by *P. Bull*, *J. D. Navratil*, *F. L. Oetting*, and *P. A. G. O'Hare*;
A lawyer's view of safeguards and non-proliferation — by *L. W. Herron*;
und ein Konferenzbericht über eine Nutzensanalyse des Einsatzes von Pestiziden. (IAEA-Bulletin **24** (3) 1982)

IAEA. Anläßlich der 26. Tagung der Generalkonferenz der IAEA wurde ein Seminar über die technische Zusammenarbeit der Organisation mit den Entwicklungsländern abgeschlossen. An der Veranstaltung, die am 24. September 1982 in der Wiener Hofburg stattfand und an der alle Mitgliedstaaten der IAEA teilnehmen konnten, beteiligten sich Delegationen aus 41 Ländern, sowohl Entwicklungsländern als auch solchen, die technische Hilfe leisten. Das Seminar, das erste seiner Art, das die IAEA veranstaltete, wird voraussichtlich einigen Einfluß auf deren Programme im Bereich der technischen Zusammenarbeit haben, da es die Grundlagen für die künftige Orientierung der Entwicklungshilfe der IAEA schaffen wird.

Auf Grund ihrer Satzung ist die IAEA verpflichtet, die Entwicklungsländer zu unterstützen, und im Laufe der Jahre wurde diesen Bestrebungen immer mehr Aufmerksamkeit zugewandt. Die gemeinsamen Programme sind von einem Umfang von US$ 100.000 im Jahre 1958 bis zu einem Aufwand von jährlich mehr als US $ 30 Millionen angewachsen. Diese Expansion hat es ermöglicht, daß im Rahmen des ursprünglich vorwiegend auf die Ausbildung von Fachleuten ausgerichteten Programms heute auch sachverständige Berater und wichtige Ausrüstungen zur Verfügung gestellt und spezialisierte Ausbildungsmöglichkeiten geboten werden können, um die Entwicklungsprogramme der Mitgliedstaaten zu unterstützen. 77 Länder haben durch Projekte, die sie selbst ausarbeiten und zur Aufnahme in das Jahresprogramm der IAEA vorschlagen, Unterstützung erhalten. Die Arbeiten werden vorwiegend aus dem Fonds für Technische Hilfe und Zusammenarbeit finanziert, für den die Mitgliedstaaten jedes Jahr freiwillige Beiträge zusagen.

Bei den Programmen technischer Zusammenarbeit hat die IAEA stets die Weitergabe von Fachkenntnissen durch Ausbildung in den Mittelpunkt gestellt, darüber hinaus werden in zunehmendem Maße auch Experten und Ausrüstungen beigestellt. Bei ihren Programmen zielt die IAEA vor allem darauf hin, die Empfängerländer bei ihren Bemühungen um rationellere und sicherere Arbeitsmethoden zu unterstützen und zu gewährleisten, daß die erworbenen Kenntnisse auch dann weiter angewandt werden können, wenn die Hilfsprogramme ausgelaufen sind. In den letzten fünf Jahren wurden rund 700 Projekte auf den verschiedensten Gebieten abgeschlossen, unter anderem Erhöhung von Ernteerträgen durch strahleninduzierte Mutation von Saatgut; Anwendung nuklearer Verfahren bei der Verschmutzungskontrolle; Bekämpfung oder Ausrottung schädlicher Insekten, wie der Mittelmeerfruchtfliege und der Tsetsefliege durch Anwendung des Sterilisierungsverfahrens; Strahlensterilisierung medizinischer Präparate; Hydrologie; Schaffung von Laboratorien für angewandte Forschung; Suche nach Uranvorkommen und ihre Erschließung; Studien über nukleare Sicherheit und Planung und Durchführung energiewirtschaftlicher Kernprogramme, um den zunehmenden Bedarf an qualifizierten Arbeitskräften und industriellen Infrastrukturen zu befriedigen.

(IAEA-Presseinformation)

IAEA. Während der 26. Tagung der Generalkonferenz der IAEA fand in Wien eine Sitzung von Vertretern aus elf von den dreizehn Ländern statt, die an dem Abkommen über regionale Zusammenarbeit in der kernwissenschaftlichen und -technischen Forschung, Entwicklung und Ausbildung beteiligt sind. Das Abkommen ist seit zehn Jahren in Kraft und wurde bis 1987 verlängert; Vertragsparteien sind Australien, Bangladesch, Indien, Indonesien, Japan, die Republik Korea, Malaysia, Pakistan, die Philippinen, Singapur, Sri Lanka, Thailand und Vietnam.

Im Rahmen des Abkommens werden vor allem Anstrengungen unternommen, die Weitergabe moderner nuklearer Technologien auf den Gebieten Ernährungswesen und Landwirtschaft, Gesundheitswesen und industrielle Entwicklung zu fördern. Derzeit laufen neun gemeinsame Projekte über Lebensmittelbestrahlung, Mutation durch Bestrahlung, Strahlensterilisierung medizinischer Präparate und Verwendung von Isotopen und Strahlenverfahren in der Industrie.

Von 1978 bis 1982 wurden insgesamt rund 7 Millionen US Dollar für Projekte im Rahmen des Abkommens aufgewendet. Davon wurden rund 55% aus freiwilligen Beiträgen der Mitgliedstaaten der IAEA, 28% aus dem Entwicklungsprogramm der Vereinten Nationen (UNDP) und 17% aus Eigenmitteln der IAEA finanziert.

Die an der Sitzung Teilnehmenden erörterten laufende Projekte und einigten sich auf mehrere Gebiete, denen in Zukunft mehr Beachtung geschenkt werden soll. Besonders wichtig sind konzentrierte Maßnahmen zur Verbesserung der Nahrungsmittelproduktion in den Mitgliedstaaten in Asien und im Pazifischen Raum. Deshalb wird ein Forschungsprojekt zur Erhöhung der Reisproduktion in die Wege geleitet. Auch eine Erweiterung des Programms über Krebsbehandlung und Nuklearmedizin ist geplant. Ein mit Unterstützung des UNDP durchgeführtes Industrie-Projekt mit einem Aufwand von ungefähr 12 Millionen US Dollar ist seit dem 1. April 1982 im Gange und soll bis 1987 laufen. Zu diesem Zweck wurde in Tokio ein Regionalbüro eröffnet.

Vertreter aus mehreren lateinamerikanischen Ländern benützten ebenfalls die Gelegenheit ,während der Generalkonferenz der IAEA die Möglichkeiten für ähnliche regionale Unternehmen in Lateinamerika zu erörtern.

(IAEA-Presseinformation)

IAEA. Am 13. Oktober 1982 wurde in Neuherberg bei München ein Abkommen zwischen der IAEA und der Gesellschaft für Strahlen- und Umweltforschung (GSF) über ein gemeinsames Forschungsprogramm zur Anwendung von Isotopenmethoden bei hydrologischen und geothermischen Untersuchungen im Lateinamerikanischen Raum unterzeichnet.

Im Rahmen dieses Programms sollen Arbeiten gefördert werden, bei denen mit Hilfe von Isotopenmethoden, insbesondere von Messungen des Gehalts von Umweltisotopen im Wasser, zur Nutzung von Grundwasservorkommen für die Trinkwasserversorgung und für die landwirtschaftliche Bewässerung, sowie für die Gewinnung geothermaler Energie beigetragen werden kann. Isotopenmethoden können bei derartigen Untersuchungen dazu verwendet werden,

- die Herkunft von Grundwasser
- die Art und Menge der Grundwasserneubildung
- das Alter von Grundwasser, d. h. seine Verweilzeit im Boden
- das Grundwasserströmungsfeld
- Beziehungen zwischen verschiedenen Grundwässern sowie
- die Tiefentemperatur und Verfügbarkeit von Thermalwasser

zu ermitteln oder zumindest abzuschätzen.

Die einzelnen, vorwiegend von lateinamerikanischen Institutionen durchgeführten Teilprojekte sollen auf die Interessen und Bedürfnisse der betreffenden Länder abgestimmt sein und werden unter Beratung und Mitwirkung der Isotope Hydrology Section der IAEA und des Instituts für Radiohydrometrie der GSF durchgeführt.

Die gegenwärtigen Forschungsvorhaben und Projekte der technischen Hilfe der IAEA im Bereich der Isotopenhydrologie bestehen in der Einrichtung und im Betrieb von Anlagen für die Isotopen-Analyse von Wasserproben in Chile, Kolumbien, Kuba und Mexiko; in der Anwendung von stabilen und radioaktiven Umwelt-Isotopen in der Grundwasser-Hydrologie in Argentinien, Bolivien, Brasilien, Chile, Ekuador, Guatemala, Jamaika, Nikaragua und Paraguay sowie in der Erkundung geothermischer Energie in Argentinien, Costa Rica und Mexiko. Es ist zu erwarten, daß das neue Programm diese Anwendungsgebiete verstärkt und den Austausch von Daten und Erfahrungen zwischen den Forschungseinrichtungen in dieser Region weiter anregen wird. Von besonderem Nutzen wird dieses neue Programm bei der Erforschung und Bewertung von Grundwasser-Vorräten sein, schließlich der Erforschung der Beziehungen zwischen Grundwasser und Oberflächenwasser. Eine erhebliche Ausweitung der Aktivitäten kann auch bei der Erkundung und Abschätzung der Möglichkeiten geothermischer Energie erwartet werden. Ein Grund dafür ist, daß einige Staaten in der Lateinamerikanischen Region potentiell in der Lage sind, einen Teil ihres Energiebedarfs durch die Nutzung geothermischer Vorräte zu decken.

(IAEA-Presseinformation)

IAEA/Ägypten. Um die ägyptische Obst- und Gemüseproduktion qualitativ und quantitativ zu verbessern, wird die IAEA gemeinsam mit der ägyptischen Regierung ein Projekt zur Ausrottung der Mittelmeerfruchtfliege durchführen, eines Schädlings, der die Obstproduktion des Landes wesentlich beeinträchtigt. Im Oktober 1982 unterzeichneten der ägyptische Landwirtschaftsminister, Dr. *Youssif Wally*, und der Generaldirektor der IAEA, Dr. *Hans Blix*, in Kairo ein Abkommen über ein integriertes Bekämpfungsprogramm, bei dem vor allem die Insektensterilisierung zur Ausrottung der Mittelmeerfruchtfliege in Ägypten eingesetzt werden soll.

In allen Landwirtschaftsgebieten Ägyptens befällt die Mittelmeerfruchtfliege Zitrus- und Steinfrüchte und stellt ein ernst zu nehmendes Hindernis für die Erhöhung der Obstproduktion dar. Es kommt nicht nur zu einer Qualitätsverschlechterung, sondern auch zu einer so starken Produktionsverminderung bei Aprikosen, Birnen, Pfirsichen und Mangos, das nicht einmal der inländische Bedarf gedeckt werden kann. Rund 1,25 Millionen acres des landwirtschaftlich nutzbaren Bodens werden in Ägypten für den Acker- und Gartenbau genutzt. Rund 5 Millionen Tonnen werden jährlich geerntet, und ein großer Teil des Areals muß regelmäßig mit Insektiziden besprüht werden, um die Mittelmeerfruchtfliege einigermaßen unter Kontrolle zu halten. Das erfordert jedesmal einen Aufwand von 40—60 US$ pro acre für importierte Insektizide.

Bei dem Projekt soll die Mittelmeerfruchtfliege innerhalb von vier Jahren ausgerottet werden, und zwar durch integriertes Vorgehen mit einer Kombination von Freilassung sterilisierter Fliegen, Sprühmitteln und entsprechenden Quarantänemaßnahmen. Wegen ihrer Wirtschaftlichkeit, Umweltfreundlichkeit und Wirksamkeit eignet sich die Insektensterilisierung hervorragend als zentraler Bestandteil dieses integrierten Programms.

Die Kosten des Programms werden US$ 19,320.000 geschätzt, wovon die IAEA 11,320.000 und die ägyptische Regierung US$ 8,000.000 beisteuern.

Durch Projekte der IAEA unter Anwendung des Sterilisierungsverfahrens wurde die Mittelmeerfruchtfliege bereits auf den italienischen Inseln Procida und Capri ausgerottet und in einem großen Teil Mittelamerikas unter Kontrolle gebracht.

(IAEA-Pressemitteilung)

DDR. Die Technische Hochschule „Otto von Guericke" in Magdeburg feiert 1983 ihr 30jähriges Bestehen. Aus diesem Anlaß sind in der Zeit vom 30. August–9. September 1983 in Magdeburg im Rahmen der Wissenschaftlichen Tage 1983 der Technischen Hochschule folgende Veranstaltungen vorgesehen:

1. 10. Projektierungskolloquium „Gestaltung effektiver Fertigungsstrukturen für bedienerarmen Betrieb" am 30. und 31. August 1983
Veranstalter: Sektion Technologie der metallverarbeitenden Industrie

Themenkomplexe

- Technologische Voraussetzungen für die bedienerarme Fertigung,
- Projektierung und Gestaltung von Fertigungsstrukturen untersuchter Niveaustufen einschließlich arbeitswissenschaftlicher Probleme,
- Modelle und Lösungen der Produktionsorganisation und -steuerung.

2. 4. Fachtagung „Anlageninvestitionen/Anlagenbau" am 1. und 2. September 1983
Veranstalter: Sektion Sozialistische Betriebswirtschaft
Sektion Apparate- und Anlagenbau

Themenkomplexe

- Leitung und Planung der Anlagenbauprozesse,
- Technische, ökonomische und organisatorische Probleme der Investitionsvorbereitung aus der Sicht des Anlagenbaues und der Investitionsauftraggeber,
- Technische, ökonomische und organisatorische Probleme der Anlagenrealisierung,
- Leistungsbewertung im Industrieanlagenbau,
- Nutzung und Betreuung von Industrieanlagen.

3. Tagung „Anwendung von Mikrorechnern in der Meß- und Automatisierungstechnik" am 6. und 7. September 1983
Veranstalter: Sektion Technische Kybernetik und Elektrotechnik in Verbindung mit der Forschungsgemeinschaft „Anwendung der Mikroelektronik im Schwermaschinen- und Anlagenbau"

Themenkomplexe

- Moderne Algorithmen der automatischen Steuerung und ihre Umsetzung mit der neuen Gerätetechnik,
- Anwendungs- und Erprobungsergebnisse,
- Automatisierungsgeräte- und Anlagentechnik mit Mikrorechnern, Dimensionierung und Projektierung,
- Theoretische Probleme der Signalerfassung, -übertragung und -verarbeitung, Analogwerteingabe und Meßverarbeitung,
- Gerätetechnik der Meßwerterfassung unter dem Aspekt des Mikrorechnereinsatzes.

Weitere Einzelheiten und Auskünfte erteilt die Technische Hochschule „Otto von Guericke" Magdeburg, Tagungsbüro, DDR-3010 Magdeburg, Postschließfach 124; Tel.: 592209.

BRD. Daß Mikroorganismen aus der Luft und aus dem Wasser bestimmte chemische Elemente anreichern können, ist seit längerem bekannt. So galten Moose und Flechten bisher als die wirksamsten Bio-Indikatoren für umweltbelastende Stoffe, so auch für die Transurane und insbesondere für das Plutonium. Sie können aufgrund ihrer besonderen Stoffwechseleigenschaften Pu anreichern und daher sozusagen als integrierende biologische Analysengeräte fungieren. Nun haben Wissenschaftler aus dem Kernforschungszentrum in Karlsruhe gefunden, daß auch Süßwassermuscheln Pu in ihrem Fleisch und in ihren Schalen in einem hohen Maße speichern können. Die Untersuchungen ergaben Anreicherungsfaktoren von 260 im Muschelfleisch und für die Schalen von toten oder lebenden Tieren Werte von $1{,}5 \cdot 10^4 \ldots 2{,}5 \cdot 10^4$, bezogen auf die Pu-Konzentrationen im jeweiligen Lebensraum der Muscheln. Diese neue Erkenntnis ist nicht nur im Sinne der Bio-Indikation, sondern auch im Zusammenhang mit Aufenthaltsdauern des Pu im Ökosystem Flußwasser von Bedeutung.

(Bild der Wissenschaft – 3/82)

BRD. Anläßlich der Jahrestagung Kerntechnik 1982 in Mannheim wurde zum ersten Mal der „Günter-Wirths-Preis" der Kerntechnischen Gesellschaft e. V. verliehen. Die Preisträger sind *H. Goldacker* (Kf Karlsruhe), *H. Hausberger* (WA Karlsruhe) und *H. Schmieder* (Kf Karlsruhe); sie wurden ausgezeichnet für wichtige Beiträge zur Verbesserung des PUREX-Verfahrens. Es ist ihnen gelungen, durch die Anwendung elektrochemischer Verfahren die naßchemischen Prozeßstufen der bisherigen Wiederaufbereitung von Kernbrennstoffen wesentlich zu verbessern. Die Vorteile dieser elektrochemischen Stufen zielen in zwei Richtungen:

- Der Ersatz von Prozeßhilfschemikalien durch den elektrischen Strom bedeutet eine starke Verminderung der zwangsläufig anfallenden festen Abfallvolumina. Entweder entstehen dabei überhaupt keine zusätzlichen Abfallsalze, oder aber die bereits vorhandenen Abfallsalze lassen sich in Stickstoff, Sauerstoff und Kohlendioxid, d. h. in die Komponenten der Luft zerlegen. Solche Abgase können relativ einfach von radioaktiven Verunreinigungen getrennt und dann problemlos an die Atmosphäre abgegeben werden.
- Elektrochemische Verfahren können die Verfahrenstechnik erheblich vereinfachen und die Trennergebnisse sowie Produktausbeuten deutlich verbessern.

Diese Vorzüge werden an drei praktischen Beispielen erläutert:

Elektrochemische Pu-Rückextraktion. Im weltweit favorisierten PUREX-Prozeßschema basiert die extraktive Pu-U-Trennung auf einer Reduktion des in der organischen Phase gelösten vierwertigen Plutoniums in die dritte Wertigkeitsstufe. Bisher werden als Reduktionsmittel entweder eine zweiwertige Eisenverbindung oder vierwertiges Urannitrat eingesetzt. Der Fortschritt besteht im Ersatz dieser salzbildenden Redoxchemikalien durch Elektrodenreaktionen.

Die besondere Bedeutung der elektrochemischen Reduktion kommt erst recht bei der Wiederaufarbeitung von Schnellbrüterelementen zum Tragen. Da hier Pu-Gehalte um 20% vorliegen, müßten bei Verwendung der U(IV)-Reduktionsmethode bis zu drei Viertel der Uranmenge ständig als vierwertiges Uran im Kreislauf gefahren werden.

Anodische Pu(III)-Oxydation. Die bereits erwähnte Pu-Reoxydation von der dritten in die vierte Wertigkeitsstufe läßt sich ebenfalls auf elektrochemischem Wege bewerkstelligen. Dieser Schritt ist notwendig, wenn es darum geht, das vom Uran abgetrennte Plutonium weiter zu reinigen.

In den heutigen technischen Anlagen geschieht diese Rückoxydation entweder durch Zugabe von Natriumnitrit oder durch Einleiten von Stickoxidgas.

Eine salzfreie und selektive Oxydation des Pu(III) einschließlich des meist ebenfalls in Lösung vorliegenden Hydrazins gelingt auf elegante Weise durch eine anodische Oxydation. Die Hydrazin-Oxydation zu Stickstoff erfolgt bereits bei einer Spannung unterhalb des Oxydationspotentials von Pu(III) zu Pu(IV) und auch unterhalb des Abscheidungspotentials von Sauerstoff. Dies ist wichtig, denn anodische Sauerstoffentwicklung bewirkt eine Oxydation des Plutoniums bis in die sechswertige Plutonylform, die ungünstige Extraktionseigenschaften aufweist. Als Kathodenmaterial dient meist Titan; die Anode besteht aus Tantal oder Niob.

Elektrochemische Oxalat- und Nitratzerstörung. Eine elektrochemische Oxalat- und Nitratzerstörung empfiehlt sich zur wirkungsvolleren Abfallbehandlung und -konditionierung. Oxalatlösungen erhält man als Filtrate bei der Ausfällung des gereinigten Plutoniums. In Lösung verbleibende Spurenmengen an Plutonium können erst nach Einengen der Filtrate und Zerstörung der Oxalat-Anionen durch Solventextraktion zurückgewonnen werden. Die bislang angewandten, rein chemischen Methoden lassen sich durch eine anodische Oxydation zu CO_2 ersetzen. Die Elektro-Oxydation arbeitet schneller und ohne Chemikalienzusatz. Ähnliche Verbesserungen erhofft man sich auch bei einer elektrochemischen Denitrierung der in großen Mengen anfallenden Abfallösungen. Hier bedarf es jedoch noch erheblicher Entwicklungsarbeiten. (Atomwirtschaft 8/9 – 1982)

BRD. Die Stromgestehungskosten lassen sich mit bekannten betriebswirtschaftlichen Methoden berechnen. In diese Rechnungen gehen vor allem drei wichtige Kostenterme ein:

- Kapitalkosten, die von den Investitionen, der Annuität und der Auslastung abhängen;
- Brennstoffkosten, die vom Brennstoffpreis und dem Wirkungsgrad abhängen;
- sonstige Betriebskosten, wie z. B. Instandhaltungskosten, Personalkosten usw.

Der Vergleich der Stromgestehungskosten verschiedener Kraftwerkstypen ist auf dieser Berechnungsbasis exakt durchführbar.

Schwieriger wird der Vergleich, wenn über die betriebswirtschaftlichen Kosten hinaus auch volkswirtschaftliche Bewertungen und Kosten bei der Bestimmung der Stromgestehungskosten berücksichtigt werden.

Volkswirtschaftliche Kosten sind z. B. Forschungs- und Entwicklungskosten, Förderungen durch den Staatshaushalt, Versorgungssicherheit und Verbreiterung der Primärenergiebasis, Sicherung der Wirtschaftsstruktur und der Arbeitsplätze usw.

Insbesondere wegen der verschiedenartigen Bewertung der volkswirtschaftlichen Kosten werden unterschiedliche Angaben über Stromgestehungskosten gemacht. Allerdings sind in allerletzter Zeit auch Angaben über Stromgestehungskosten gemacht worden, die zu unterschiedlichen Ergebnissen führen können und offensichtlich regional-politisch motiviert sind. Die solideste Bestimmung der Stromgestehungskosten erfolgt auf der Basis der Betriebsabrechnungen. Hier werden viele Faktoren, die eine Vorausberechnung nicht berücksichtigen kann, exakt erfaßt. Bei Berücksichtigung aller nur erdenklichen und erfaßbaren Kostenfaktoren ergeben sich für Kohle- und Kernkraftwerke nachfolgend ausgewiesene Stromgestehungskosten (in Pf/kWh für 1980).

Kraftwerkstyp	Jahresauslastung in h		
	3500	5000	6500
Steinkohlekraftwerk: 700-MW-Block, gefördert mit 150 DM/kW	15,0	12,5	11,0
Kernkraftwerk: 1300-MW-Block bei Berücksichtigung aller Entsorgungskosten	13,0	9,7	7,8

(Atomwirtschaft 10/82)

BRD. Flußwasser, das in Kraftwerken zur Kühlung benutzt wird, fließt in qualitativ besserem Zustand als zuvor wieder zurück. Ein Grund dafür ist, daß das Kühlwasser durch den Betrieb von Kühltürmen und den wasserfallähnlichen Bauwerken stark mit Sauerstoff angereichert wird. Hinzu kommt, daß das Flußwasser, bevor es in den Kühlkreislauf einläuft, in mehreren, hintereinandergeschalteten Stufen regelrecht geklärt wird. Die Qualität des ausfließenden Wassers ist deshalb erheblich besser. Dies ist auch daran zu erkennen, daß sich im Auslaufbereich eine Vielzahl von Fischen tummelt; Angler wissen dies zu schätzen. Die Anreicherung mit Sauerstoff durch die Naßkühltürme, die das Wasser im offenen Luftzug auf beinahe Ausgangstemperatur herunterkühlen, und die wasserfallähnlichen Bauwerke ist so groß, daß die Konzentration oftmals nahe der natürlichen Sättigungsgrenze liegt. In Biblis beispielsweise kann die Zuführung der Frischluft bis zu 39 Tonnen pro Tag betragen. Durch diese Maßnahme werden Kraftwerke oft zu Nothelfern der Flüsse, indem sie besonders in den heißen Sommermonaten ein Umkippen verhindern können.

(Atomwirtschaft 10/82)

UdSSR. Heft 4/1982 der Zeitschrift „Atomnaje Energija“, Vol. 52, enthält u. a. folgende Beiträge (*russisch*):
The Determination of ^{137}Cs Soil Pollution of Industrial Origin Against the Global Background (*A. N. Silantyev* u. a.);
The Exchange of Vapors of Tritium Oxide with the Surface of Water (*L. F. Belovodski* u. a.);
The Design of a Neutron Tube with a Laser Ion Source (*V. M. Gulko* u. a.);
On Obtaining (d, t)-Neutrons in an Acceleration Tube with a Laser Source of Deuterons (*D. F. Bespalov* u. a.).

UdSSR. Heft 5/1982 der Zeitschrift „Atomnaje Energija“, Vol. 52, enthält u. a. folgende Beiträge (*russisch*):
Buildup of Plutonium in a Uranium Hybrid Blanket (*S. V. Marin* u. a.);
On the Possibility of Determining Plutonium in Gamma-Spectrometric Determination of Nuclear Fuel Burnup (*V. Bulović* u. a.);
A Variational Method in the Theory of Transporting Neutrons from a Pulsed Source (*Sh. Kenzhebayev*);

A Study of the Biostability of Organic Binder-Based Compounds Formed Upon Solidification of Liquid Wastes of Medium Activity (*S. V. Zhukova* u. a.);
Nuclear Resonance Measurements of Ion Implanted Aluminium Depth Profiles in GaAs (*J. A. Davies* u. a.);
Energy Characteristics of Fluoro-Uranates(IV) of Alkaline Metals (*V. A. Volkov* u. a.);
Ionization Straggling and Applicability of Continuous Slowing Down Approximation for Electrons (*A. K. Savinski* u. a.);
A Quick-Acting Program for Processing Complex Gamma-Spectra (*V. I. Vinogradov* u. a.);
On Correlations in the Formation of Actinides in Nuclear Reactors (*T. S. Zaritskaya* u. a.);
Experience in Radiation Monitoring in the Vicinity of APS's (*K. P. Makhonko* u. a.);
On Improving an APS Radio-Chromatographic Gas-Purification System (*D. V. Ochkin* u. a.);
Certain Problems of Radiation Safety when Handling Natural Thorium (*L. V. Matveyev* u. a.).

UdSSR. Heft 6/1982 der Zeitschrift ,,Atomnaja Energija'', Vol. 52, enthält u. a. folgende Beiträge (*russisch*):
An Electron-Microscopic Study of Helium Distribution in Nickel-Based Alloy (*M. I. Guseva* u. a.);
Calculation of Stationary Regimes of Technological Extraction Processes Based on the Thermodynamics of Pu(IV) Extraction by Tri-n-butyl Phosphate from Nitrate Solutions (*V. N. Rubisov* u. a.);
Determination of the Characteristics of Radiation Impinging on a Detector (*L. D. Pleshakov*);
An Approach to the Solution of Inverse Problems in Nuclear Geophysics (Method of Equivalent Fields) (*A. A. Barenbaum* u. a.);
A Universal Mass-Spectrometric Installation for Investigating the Release of Inert Gases from Reactor Materials (*A. G. Zaluzhny* u. a.);
On the Mechanism of Neutron Yield Fall-off from Tritiated Metal Targets of НГ-150 Neutron Generators (*I. Ya. Barit* u. a.);
On the Distribution Function of Intermediate Neutrons in Heavy Homogeneous Media (*S. A. Podosenov* u. a.);
ДИСНЕЙ-2 Neutron Spectrometer (*G. G. Doroshenko* u. a.);
An Approximate Numerical Solution of the Transport Equation for Fast Electrons in Plane Heterogeneous Slabs (*A. A. Shkurpelov* u. a.).

UdSSR. Heft 1/1982 der Zeitschrift ,,Atomnaja Energija'', Vol. 53, enthält u. a. folgende Beiträge (*russisch*):
A Device for the Detection of Flaws on the Inner Surface of APS Pipelines (*A. A. Madoyan* u. a.);
A Study of the Properties and Behaviour of Highly Active Wastes from Experimental Fluoride-Gas Reprocessing of Spent БОР-60 Uranium and Uranium-Plutonium Fuel (*A. P. Kirillovich* u. a.);
Total Neutron Cross Section Measurements of ^{109}Ag and ^{110m}Ag (*V. A. Anufriyev* u. a.);
The Separation of Hydrogen Isotopes on Metallic Membranes (*V. V. Latyshev* u. a.);
An Experimental Study of Neutron Flux Regulation by a Two-Phase Equilibrium Reaction (*I. G. Gverdtsiteli* u. a.);
A Device for Continuous Control of Nuclear Fuel Burnup (*I. G. Gverdtsiteli* u. a.);
Kinetic Constants of Radiation Gas Formation in Polyethylene (*N. N. Alekseyenko* u. a.);
On the Determination of Absorbed Doses of Electrons in Liquid-Phase Mixed Systems (*E. D. Glushkova* u. a.);
The Effect of Reactor and Gamma Radiation on the Optical Properties of Quartz Glass and Dosimetry Problems (*I. Kh. Abdukadyrova*);
The Dependence of the Spatial Distribution of Neutrons Moderating in 5-cm Polyethylene on Their Initial Energy (*S. P. Makarov*);
The Implantation of Radioactive Cesium Ions in Solid Materials (*Yu. V. Bulgakov* u. a.).

UdSSR. Heft 2/1982 der Zeitschrift ,,Atomnaja Energija'', Vol. 53, enthält u. a. folgende Beiträge (*russisch*):
The Oxidation of Pellets from Uranium and Pltutonium Mononitrides and Monocarbides (*G. P. Novoselov* u. a.);
State and Prospects for Production of Radioisotopictracer Compounds in the USSR (*E. I. Mikerin*);
Experience in Using Radiolyo-luminescence and Electron-Paramagnetic Resonance for Emergency Dosimetry (*I. A. Alyokhin* u. a.);
CNIIatominform — The Branch Information Centre for Atomic Science and Engineering (*I. A. Arkhangelski* u. a.);
The Development of a Method of Automated Control of Iodine Radioactivity in an APS Water Coolant (*L. N. Moskvin* u. a.);
Gamma-Radiation Albedo of Substance Containing Hydrogen (*V. I. Kulikov* u. a.);
^{85}Kr in the Atmosphere of the USSR in the Period 1971 to 1980 (*E. G. Tertyshnik* u. a.).

UdSSR. ,,Atomnaja Energija'' **53** (1982) 3 enthält u. a. folgende Beiträge (*russisch*):
On Mechanisms of Gas Release from Uranium Dioxide (*V. Sh. Sulaberidze* u. a.);
Optimization of Isotope Separation Processes in Columns (*V. A. Kaminski* u. a.);
Determination of the Distribution and Concentration of Certain Elements by Means of a Beam of Charged Particles (*I. G. Berzina* u. a.);
On the Procedure for Fabricating Micro-filters with Enhanced Efficiency (*G. N. Flyorov* u. a.);
On Calculating the Shielding from Bremsstrahlung on Technological Installations with Low-Energy Electron Accelerators (*P. A. Orlenko* u. a.);
The Contribution of L-Roentgen Radiation to the Radiation Characteristics of Uranium and Plutonium (*L. V. Matveyev* u. a.);
Inelastic Scattering of Neutrons on ^{56}Fe Nuclei (*Yu. A. Nemilov* u. a.);
Reconstruction of Accidental Irradiation Dose Pattern (*S. N. Kraitor* u. a.);
Measurement of the Cross Section of Thermal Neutron Reaction ^{40}Ca(n, α)^{37}Ar (*I. R. Barabanov* u. a.).

UdSSR. ,,Atomnaja Energija'' **53** (1982) 4 enthält u. a. folgende Beiträge (*russisch*):
Tritium Content in Water Systems of the Novovoronezh APS Fifth Block Reactor (*V. P. Kruglov* et al.);
The Effect of Reactor Irradiation and Helium Isotopes on Mechanical Properties of Titanium and α-Titanium Alloy (*V. N. Tebus* et al.);

The Calculation of Irradiation Characteristics During Reactor Tests (*E. S. Glushkov* et al.)

ND-R 610(S) PWR degraded core analysis. A report by a committee chaired by Dr. *J. H. Gittus*. April, 1982. 562 pp. (Atom 312 — 1982)

Großbritannien. Die Fehlerbreiten, die bei einer Altersanalyse mittels der Radiokarbonbestimmung angenommen werden, sind im allgemeinen zu niedrig angesetzt. Dies ergab eine internationale Studie, über die das Glasgower ^{14}C-Labor zusammen mit 20 anderen Instituten in Europa und Übersee in der Wissenschaftszeitschrift Nature berichtete. Zu dieser Untersuchung wurden jedem Labor jeweils acht Holzproben aus einem 5000 Jahre alten Eichenstamm zugeschickt. An Hand der Ergebnisse wurde einmal die Fehlerbreite zwischen den acht Analysen innerhalb desselben Labors überprüft und dann die Unterschiede in den Altersangaben von Labor zu Labor.

Innerhalb desselben Labors differierten die Untersuchungsergebnisse zwischen 316 und 724 Jahre. In ihren Durchschnittswerten lagen die Institute zwar alle im Altersbereich von 5000 und 5200 Jahren; von Labor zu Labor allerdings unterschieden sich die Resultate zwischen 190 und 690 Jahren. Der Vergleich dieser Ergebnisse zeigte, daß die Fehlerbreite, die jedes Labor für seine Ergebnisse einräumte, nochmals mit einem Faktor von zwei bis drei multipliziert werden müßte, um die wahre Variabilität der ^{14}C-Altersbestimmung zu erfassen und so ein realistisches Maß für die Reproduzierbarkeit der Daten zu erhalten. Die Höhe dieses Unsicherheitsfaktors hängt von dem Labor selbst ab, und zwar von der Bestimmungsmethode des ^{14}C-Gehalts einer Probe und von Herkunft und Größe des internen Fehlers, den jedes Labor für seine Werte angibt.

Angesichts dieser Ergebnisse warnen die Autoren vor Hoffnungen, bei Altersbestimmungen mit der ^{14}C-Methode Unterschiede von weniger als 200 Jahren erfassen zu können. Allerdings machen sie auch die Einschränkung, daß ihre Untersuchungen strenggenommen nur aussagekräftig sind für die Altersbestimmung an Holz, und dies auch nur in einem Datierungsbereich von etwa 5000 Jahren. Eine Untersuchung über die Datierung archäologischer Funde hat die Aussage dieser Studie zwar bestätigt; eine umfassende Untersuchung der Schwankungsbreite von Radiokarbonmessungen an verschiedenen Objekten und zu verschiedenen Zeiten steht aber noch aus. (Umschau — 18/82)

Großbritannien. Die britische Atomenergie-Agentur (UK AEA) hat folgende Berichte herausgegeben:

AERE-M 3240 WIRE — a programming aid for the design of interconnections for modular electronic systems. By *S. C. Oliver*. June, 1982. 31 pp.

AERE-R 10222 Surface storage of vitrified high-level radioactive waste in reinforced-concrete casks. By *H. Beale*, *M. W. George* and *T. J. M. Robertson*. June, 1982. 31 pp.

AERE-R 10546 A guide to the Harwell PLUTO program. By *J. H. Harding*. June, 1982.

AERE-R 10551 Notes on Rayleigh and Raman scattering for measurement of gas temperature and concentration. By *P. Hutchinson*. June, 1982. 20 pp.

AERE-R 10556 Fundament physics research at Harwell in the 1950s. I. The independent research group (Nuclear Physics Division). By *J. M. Freeman*. May, 1982. 16 pp.

USA. Die alte pharmakologische Regel, wonach kleine Dosen von Giften stimulierend wirken, gilt anscheinend auch für die Einwirkung geringer Strahlendosen auf lebende Systeme. Die Ergebnisse von über 1200 untersuchten Fällen scheinen auf diesen stimulierenden Effekt hinzudeuten. Nach langjährigen experimentellen Untersuchungen und Literaturrecherchen kommt der amerikanische Biochemiker *T. D. Luckey* (University of Missouri) zu dem Schluß: Lebewesen brauchen eine bestimmte Strahlendosis, um sich optimal zu entwickeln. Strahlen von geringer Dosis wirken sich nach *Luckey* beispielsweise so aus: Wunden heilen rascher; bestrahlte Tiere infizieren sich seltener; Mäuse, Ratten und Meerschweinchen wachsen nach Bestrahlung schneller; Bakterien, die von der natürlichen Umgebungsstrahlung abgeschirmt werden, vermehren sich langsamer als unter Normalbedingungen, wobei dieser Abschirmungseffekt durch eine nachträgliche Bestrahlung aufgehoben werden kann. Auch die Lebenserwartung scheint sich durch geringe Strahlenmengen zu erhöhen. *Luckey* meint, daß dies nicht nur für Tiere, sondern auch für Menschen gelte. Japaner, die 1945 bei den Atombombenabwürfen niedrige Strahlendosen von 11 ... 120 Röntgen erhielten, scheinen eine längere Lebenserwartung zu haben als diejenigen, die keiner Strahlung ausgesetzt waren. Diese keineswegs unumstrittene These von der Stimulation durch Strahlung ist noch nicht allgemein anerkannt. Die Arbeiten von *Luckey* und die weit verstreuten Angaben in der Literatur scheinen jedoch auf einen solchen Stimulationseffekt hinzudeuten.

(Bild der Wissenschaft — 3/82)

USA. Der Aufschluß von Mineralien unter Verwendung von Bakterien über die mikrobakterielle Laugung (leaching) wird bereits technisch angewendet. Eine andere Einsatzmöglichkeit von Mikroorganismen-Zellen fanden jetzt Wissenschaftler im Oak Ridge National Laboratory/USA. Unter Verwendung von Kulturen der Hefe *Saccharomyces cerevisiae* und des Bakteriums *Pseudomonas aeruginosa* gelang es ihnen, Uran aus Lösungen abzutrennen und anzureichern. Die Aufnahme des Urans erfolgt sehr schnell, bei *Pseudomonas* in Zeiten unter 10 s, wobei bis zu 15% des Trockengewichts an Uran intrazellulär aufgenommen wurde. Im Gegensatz dazu wird bei *Saccharomyces* das Uran extrazellulär angelagert. Der Stoffwechsel beider Mikroben scheint bei dem Vorgang nicht beteiligt zu sein, da das Uran auch dann gesammelt wurde, wenn die Zellen vor dem Versuch abgetötet wurden. Die äußeren Bedingungen wie *p*H-Wert oder Temperatur beeinflussen den Prozeß sehr stark. Bemerkenswert ist, daß in Gegenwart von Glutaminsäure kein Uran aufgenommen wird, andere Aminosäuren dagegen keinen Einfluß zeigen. Durch eine einfache chemische Behandlung läßt sich das Uran von den Hefezellen wieder entfernen, so daß diese dann wieder eingesetzt werden können. Unerklärt bleibt den Wissenschaftlern jedoch bis jetzt, warum nur 32% der Hefezellen und 44% der Bakterien ihrer Kulturen Uran aufnehmen, die anderen dies aber absolut nicht tun. Vererbbare Fähigkeiten scheinen nicht im Spiele zu sein, da Kulturen aus aktiven wie inaktiven Zellen stets wieder zur gleichen Verteilung führen. Der Lösung dieser Fragen kommt erhebliche praktische Bedeutung zu. Der Abraum von Tage- und Untertagebau zahlreicher Rohstoffe enthält Uran in geringen Anteilen, zum Beispiel bei Kupfer- oder Phosphatvorkommen. Sie könnten somit zur Urangewinnung genutzt werden.

(Bild der Wissenschaft — 12/81)

Kanada. Im Rahmen von Forschungsarbeiten zur Biosorption gelang es kanadischen Wissenschaftlern der McGill University in Montreal, Mikroorganismen zur Reinigung und Aufbereitung radioaktiver Abfälle einzusetzen. Nach einer umfangreichen Screening-Testung verschiedener Präparate erwies sich der Pilz *Rhizopus arrhizus* als Organismus mit der höchsten Aufnahmekapazität gegenüber Uranium und Thorium. Zur Zeit laufen Untersuchungen zum Wirkungsmechanismus und zur möglichen Steigerung der Stoffaufnahme durch den Pilz. Das Verfahren, im Labormaßstab als Säulenextraktion von Uranium und Thorium ausgeführt, soll zur praktischen Anwendung weiterentwickelt werden; es wurde zum Patent angemeldet.

(Biotechnol. News. Summit, N.J. 2 (1982) 9, S. 4)

Australien. Rund 1,2 Mio t Uranium enthält das riesige Erzvorkommen Olympic Dam bei Roxby Downs in Südaustralien. Diese Menge entspricht mehr als dem Dreißigfachen des Uraniumbedarfs der westlichen Welt von rund 33000 t für das Jahr 1982.

Gemäß vorläufigen Daten, die die Western Mining Corporation Limited (WMC) kürzlich bekanntgab, ist das Kupfer-, Uranium- und Goldvorkommen Olympic Dam eine der größten Minerallagerstätten der Welt. Die Angaben erfolgten nach achtjähriger Explorationsarbeit. Auf den bisher erfaßten 28 km² wurden schätzungsweise 2 Mia t Erz mit einem durchschnittlichen Gehalt von 1,6% Kupfer sowie 0,6 kg Uraniumoxid und 0,6 g Gold pro Tonne festgestellt. Somit enthält das Vorkommen Olympic Dam rund 32 Mio t Kupfer, 1,2 Mio t Uraniumoxid und 1200 t Gold. Partner der WMC im Olympic Dam Project ist die BP Australia Ltd. mit einem Anteil von 49%. Als nächster Schritt zur Erschließung des mächtigen Erzlagers wird die Veröffentlichung eines Umweltverträglichkeitsberichts im nächsten Jahr erwartet.

(SVA-Bulletin)

Isotopenpraxis 19 (1983) 7, S. 254—256

Buchbesprechungen

Was ist automatisiertes Steuerungssystem Die Automatisierung der Verwaltung

O. I. Awen. Moskau: Isd-wo Nauka 1981. 176 S., 33 Abb., 5 Tab. (in Russ.); Broschur M 3,—

Die Automatisierung der Leitungs- und Planungsprozesse und die Entwicklung der dazu notwendigen Organisationsformen, EDV-Systeme und Informationstechnologien bestimmen in zunehmendem Maße die Intensivierungsprozesse der sowjetischen Wirtschaft. In seinem Buch „Was bedeutet ASU?", das in der Serie „Wissenschaft und technischer Fortschritt" der AdW der UdSSR herausgegeben wurde, versucht der Autor, eine präzise Antwort auf die im Titel gestellte Frage zu geben. Dabei werden solche Probleme wie die Entwicklung der notwendigen EDV-Systeme, die Wahl der Automatisierungsobjekte und Aufgaben, die Effektivität der ASU und eine Reihe technologischer und technischer Probleme behandelt. Der Autor beschreibt die Planung und Leitungssysteme der sozialistischen Wirtschaft, begründet die Notwendigkeit der Automatisierung dieser Prozesse als eine wesentliche Voraussetzung der Intensivierung des gesamten volkswirtschaftlichen Reproduktionsprozesses, zeigt die Arbeitsetappen bei der Einführung der Automatisierungssysteme und charakterisiert ihre Effektivität. Von besonderem Wert sind die offensichtlich aus den praktischen Erfahrungen resultierenden Aussagen des Autors zur Projektierung, Programmierung und Informationsversorgung der automatisierten Systeme der Planung und Leitung, welche an Hand von Beispielen aus verschiedenen Bereichen der sowjetischen Wirtschaft gemacht werden.

Bei dem enormen Wachstum der Produktion in fast allen Bereichen und der steigenden Komplexität der Wirtschaft der UdSSR zeigten sich nach Aussage des Autors bereits Mitte der 50er Jahre einige Verzögerungen in der Realisierung des Steuerungsprozesses und eine Verminderung der Qualität der Entscheidungen. Die Notwendigkeit radikaler quantitativer Maßnahmen zur Verbesserung der Planung und Leitung der Volkswirtschaft wurde offensichtlich. Zu einer solchen radikalen Maßnahme wurde die Automatisierung der Leitungsprozesse auf einer breiten Basis der EDV-Anwendung erklärt. Bereits im Volkswirtschaftsplan 1966 bis 1970 wurde deshalb die Einführung der ASU in 227 Betrieben und Vereinigungen der UdSSR beschlossen. Der Autor definiert in diesem Zusammenhang ASU als ein speziell entwickeltes Mensch-Maschine-Steuerungssystem zur effektiven (entsprechend dem festgelegten Kriterium) Erfüllung der Steuerungsfunktionen bei der Erreichung des vor das System gestellten Zieles und bei optimalem Nutzen beider Elemente des Systems — des Menschen und der EDVA (S. 17).

Einen relativ umfangreichen Anteil seines Buches wendet *O. J. Awen* der Beschreibung und einer kritischen Analyse der einzelnen Arbeitsetappen bei der Schaffung und Einführung der ASU in die Volkswirtschaft zu. Bei Darlegung dieser Zusammenhänge unterstreicht der Autor ständig die Notwendigkeit einer qualitativ neuen Betrachtung des Systems, seiner Ziele und seiner Funktionen. Die Einführung der ASU als „Verzierung" eines vorhandenen, schlecht funktionierenden Steuerungssystems, ohne tiefgreifende Veränderung und Rationalisierung seines Wesens, ist nach Meinung von *Awen* — und zahlreiche Beispiele beweisen es — zum Scheitern verurteilt.

Die Nutzung anspruchsvoller mathematischer Methoden und Verfahren zur Verbesserung der Steuerungsprozesse auf der Etappe der Entscheidungsfindung, eine bereits 1939 von *L. W. Kantorowitsch* („Mathematische Methoden der Organisation und der Planung der Produktion") beschriebene Möglichkeit der Rationalisierung der Leitung und Planung, umfaßt gegenwärtig lediglich einen geringen Teil aller rechentechnischen Aufgaben der ASU. So bildeten z. B. nach Einschätzungen des Jahres 1979 die Optimierungsaufgaben lediglich 5% aller mathematischen und rechentechnischen Aufgaben der ASU auf der Betriebs- und Vereinigungsebene und nur 3% auf der Ebene eines Volkswirtschaftszweiges (S. 59). Die Gründe für diesen Stand sieht der Autor in den Schwierigkeiten der Entwicklung adäquater mathematischer Modelle, ihrer Informationsversorgung (Normen, Parameter, funktionelle Wechselbeziehungen, Normative) sowie einem sehr komplizierten Charakter des Steuerungsprozesses der modernen Wirtschaft. Er schreibt: „... Die Praxis hat gezeigt, daß für die Steuerung der Wirtschaft eine ‚eigene' Mathematik erforderlich ist, weil die klassischen analytischen Methoden, welche mit Erfolg bei der Steuerung technischer Objekte verwendet werden, in den Systemen der organisatorischen Steuerung ‚nicht arbeiten' ..." (S. 60).

Da jedes automatisierte System der Steuerung wirtschaftlicher Prozesse eine entsprechende Versorgung mit Information zur Voraussetzung hat, beschäftigt sich der Autor mit der Projektierung und dem Aufbau von Informationssystemen speziell von Datenbanken. Er analysiert den Informationsbedarf und die Widerspiegelung der Informationen im System der Dokumente, die Informationsströme des Steuerungsprozesses, physische und logische Organisation der Datenbestände, Klassifizierungssysteme und die notwendigen Programmpakete. Diese Teile des Buches vermitteln dem Leser eine Reihe sehr wertvoller praktischer Hinweise und Informationen. In den letzten Teilen seines Buches analysiert *Awen* die Effektivität der ASU. Er zeigt, daß die Prozesse der Projektierung und Einführung dieser Systeme in die großen Bereiche der Wirtschaft (Ministerien, Vereinigungen, Großstädte) sehr aufwendig sind. Sie dauern im Durchschnitt 8–10 Jahre und kosten 5–50 Mill. Rubel und 500–1500 Mannjahre. Analoge Werte ermittelt der Autor für die entwickelten kapitalistischen Länder. So beträgt z.B. der Aufwand für die Programmierarbeit der Steuerungssysteme in den USA 20 Mill. Dollar 1970 und soll 1985 auf etwa 200 Mill. Dollar anwachsen. Dieser Aufwand bedeutet z.Z. nur etwa 60% der Gesamtkosten der automatisierten Steuerungssysteme und soll bis 1990 auf etwa 90% anwachsen. Es wird immer offensichtlicher, daß der Bedarf an Programmierkapazität bei weitem die Kapazitäten der Forschungs- und Entwicklungseinrichtungen übersteigt.

Dieser Umstand führt international zu bedeutender allgemeiner Verteuerung der Software.

Das Buch schließt mit einigen Aussichten für die Weiterentwicklung der ASU, speziell bei der breiten Einführung der Dialogsysteme und der Rechnernetze. Insgesamt gibt es einen guten Überblick über die Probleme des Aufbaus automatisierter Steuerungssysteme für die Leitung und Planung der Wirtschaft und kann als eine wertvolle Hilfe bei der Entwicklung analoger Leitungssysteme in der Volkswirtschaft der DDR dienen.

L. Jankowski

Kapazitätsspektroskopie tiefer Zentren in Halbleitern

L. S. Berman, A. A. Lebedjev. Leningrad: Verlag Nauka 1981, 176 S., 87 Abb., 1 Tab. (in Russisch); kartoniert M 6,–; Rbl. 1,20

Die Untersuchung der Eigenschaften von Störstellen, die in der verbotenen Zone eines Halbleiters tiefe energetische Niveaus bilden, ist eine der grundlegenden Richtungen der modernen Halbleiterphysik. Das Vorhandensein tiefer Zentren, die durch spezielle Verunreinigungen, Strahlungsdefekte oder thermische Defekte verursacht werden, beeinflußt die Eigenschaften von Halbleitermaterialien und Halbleiterbauelementen beträchtlich. Daraus resultiert die Bedeutung der in den letzten Jahren entwickelten Kapazitätsspektroskopie, die die traditionellen Methoden, wie die Messung von Halleffekt und Photoleitfähigkeit sowie die Bestimmung der Lebensdauer von Minoritätsladungsträgern, sinnvoll ergänzt. Der Wert der vorgestellten Meßmethode liegt in der hohen Empfindlichkeit, in der Möglichkeit, sowohl Ausgangsmaterial als auch fertige Halbleiterbauelemente zerstörungsfrei zu untersuchen und in der Tatsache, daß durch wechselseitige Besetzung tiefer Zentren mit Majoritäts- und Minoritätsladungsträgern deren Parameter bestimmt werden können.

Im vorliegenden Werk werden im ersten Teil die Grundlagen der Theorie der Kapazitätsspektroskopie tiefer Zentren dargestellt. Dabei wird auf die grundlegenden Eigenschaften der Sperrschichtkapazität, auf verschiedene Kapazitätsmethoden und auf die Besonderheiten der Untersuchung tiefer Zentren in Dioden aus hochohmigem Halbleitermaterial eingegangen.

Der zweite Teil ist den Hauptanwendungsgebieten der Methode gewidmet. Die Anwendung der Kapazitätsspektroskopie zur Untersuchung der Parameter der Niveaus von Eisen, Gold, Platin und Kobalt in Silizium, sowie von Eisen und Chrom in Galliumarsenid wird ebenso gezeigt, wie die Bestimmung des Konzentrationsprofils tiefer Zentren, die Untersuchung von im Verlauf der Bearbeitung unkontrolliert in den Halbleiter eingebrachter tiefer Niveaus und die Brauchbarkeit der Methode zur Untersuchung von Strahlungsdefekten. Ein Anhang ergänzt die Darlegungen durch die Behandlung von Besonderheiten der Untersuchung tiefer Zentren in oberflächennahen Gebieten von MIS-Strukturen und durch Hinweise zur Aufnahme von Photokapazitätsspektren. 148 Literaturzitate, von denen allerdings nur 8 aus den letzten drei Jahren vor Erscheinen des Buches stammen, ermöglichen eine vertiefte Beschäftigung mit den behandelten Problemen.

Die Autoren wenden sich vor allem an Halbleiterphysiker, die mit der Untersuchung tiefer Störstellen in Halbleitermaterial beschäftigt sind, unabhängig davon, ob der Schwerpunkt dieser Arbeiten theoretischer oder experimenteller Natur ist. Es ist gleichfalls für Studenten höherer Studienjahre als Spezialliteratur geeignet.

R. Göldner

Programmierung mit FORTRAN 77

I. Kießling, M. Lowes. Stuttgart: B. G. Teubner 1982; 184 S. (Teubner Studienskripten); kart. 12,80 DM

Das Buch stellt sich die Aufgabe, eine vollständige Beschreibung des Sprachumfangs von FORTRAN 77 zu geben. FORTRAN 77 ist die Kurzbezeichnung für die Norm X3.9-1978 des American National Standards Institut (ANSI). Sie ist als Nachfolger von FORTRAN-Versionen, die sich auf den ANSI-Standard X3.10-1966 beziehen, gedacht. Mit dieser Norm wird der Versuch unternommen, die „alte" Programmiersprache FORTRAN mit moderneren Komponenten aufzurüsten, bzw. die im Laufe mehrerer Jahre entstandenen verschiedensten Erweiterungen erneut zu vereinheitlichen. Die 3 entscheidenden Unterschiede zur alten Norm sind:

– die Realisierung der Block IF-Anweisungen (Voraussetzung für die Erstellung strukturierter Programme),
– die Definition des Datentyps CHARACTER (Möglichkeiten der Textverarbeitung),
– die Aufnahme von Anweisungen für die Dateiverwaltung.

Das Buch enthält in 8 Kapiteln und 4 Anhängen den Inhalt der neuen Norm. Da diese Norm viele konkrete Festlegungen der realen Implementierung vorbehält, werden an der entsprechenden Stelle teilweise Angaben bereits vorliegender FORTRAN-77-Versionen gegeben oder auf diesen Umstand hingewiesen.

Die Aufnahme der Block-IF-Anweisungen kann einen guten Beitrag leisten, auch mit FORTRAN strukturierte Programme zu schreiben (Darstellung von Alternative und Fallunterscheidung).

Die neuen Möglichkeiten der Textverarbeitung werden zwar einerseits die Anwendung von FORTRAN im typischen Einsatzbereich der wissenschaftlich-technischen Rechnungen erweitern, andererseits dürfte FORTRAN damit keine Konkurrenz für die in der nichtnumerischen Informationsverarbeitung dominierenden Programmiersprachen darstellen (und will es sicher auch nicht).

Für die Arbeit mit Dateien werden eine Reihe neuer Anweisungen definiert, wobei es aber keine neuen Dateitypen gibt. Einige dieser Anweisungen enthalten Informationen, die in Versionen der alten Norm nicht Bestandteil von FORTRAN, sondern der Jobsteuersprache sind. Inwieweit das von Vorteil ist, ist nicht in jedem Fall einzusehen.

Neben dem vollen Umfang definiert die Norm einen „Subset“; die Einschränkungen sind in einem Anhang stichwortartig aufgeführt. Wie stark die Auswirkungen auf die praktische Programmierung wären, läßt sich für den Leser schwer abschätzen, da diese Restriktionen gesondert aufgeführt sind.

Ausgehend von der Tatsache, daß die neue Norm eine Reihe von Festlegungen offen läßt, ist dieses Buch für die praktische Programmiertätigkeit nur bedingt nutzbar. Für das Erlernen von FORTRAN 77 im Selbststudium, insbesondere für Anfänger, ist die vorliegende Form der Beschreibung der Norm nicht die geeignetste, obwohl zur Illustration der Wirkung der Sprachelemente eine Reihe kleinere Beispiele eingestreut sind. Empfohlen werden kann es erfahrenen FORTRAN-Programmierern, die sich mit den Erweiterungen und neuen Möglichkeiten von FORTRAN 77 vertraut machen wollen

M. Remer

Lehrbuch der Physikalischen Chemie

G. Wedler. Weinheim: Verlag Chemie 1982; 914 S., 342 Abb., 79 Tab.; Kunststoffeinband DM 98,–

Im Jahre 1904 hielt *Jacobus Henricus van't Hoff* in St. Louis einen Vortrag, in dem er u. a. die Namen der seiner Meinung nach bedeutendsten Physikochemiker auf zwei Tabellen zusammenstellte. Da waren Namen wie *Lavoisier*, *Gay-Lussac, Faraday, Bunsen, Becquerel* und *Curie* — um nur einige zu nennen — in der einen Tabelle zu lesen, auf der anderen waren die Namen *Berthollet, Guldberg, Waage, Berzelius, Helmholtz* und *Gibbs* zu finden. Man ist wohl geneigt, die physikalische Chemie auf diese zwei Säulen zu reduzieren: auf die Atomistik einerseits und auf die Thermodynamik andererseits, wobei zwar damals die Stereochemie noch mit zur physikalischen Chemie gezählt wurde, aber dafür waren auch so etablierte Gebiete wie die chemische Kinetik, die Photochemie und die Molekülspektroskopie in allen Wellenlängen noch nicht entwickelt.

Dieses Grundmuster wurde auch im vorliegenden modernen Lehrbuch der physikalischen Chemie gewählt, allerdings mit einer wesentlichen didaktischen Verbesserung, nämlich einer deutlich erkennbaren Zweiteilung im Vertiefungsgrad der Teilgebiete. In einer Einführung in die physikalisch-chemischen Grundbegriffe und Arbeitsweisen werden auf rund 200 Seiten die einzelnen Teilgebiete in ihrer einfachen und idealen Wirkungsweise vorgestellt, um daran anschließend vertieft und in ihrer realen Wirkungsweise behandelt zu werden. Es folgen nach dieser Einführung also die chemische Thermodynamik (reales Verhalten, Mischphasen, Grenzflächengleichgewichte u. a. m.) auf den S. 213–446, der Aufbau der Materie (mit Wechselwirkung zwischen Strahlung und Molekülen, die chemische Bindung) S. 447–607, dann die statistische Theorie der Moleküle S. 609–685, die Transporterscheinungen S. 687–728, die Kinetik (mit der Theorie des aktivierten Komplexes, der Kinetik heterogener Reaktionen, der Katalyse u. a. m.) S. 729–836 und schließlich ein mathematischer Anhang, in dem wichtige Gleichungen und Lösungen sehr übersichtlich abgeleitet werden. Allen Kapiteln sind Aufgaben beigefügt, deren Lösungen am Ende des Buches angegeben sind.

Das in weiten Teilen mit unbestreitbarer Kompetenz geschriebene Lehrbuch bedarf nur geringer Korrekturen und vielleicht mancherorts Ergänzungen. So ist auf S. 547 vom natürlichen Gemisch der Isotope des Chlors ^{35}Cl und ^{36}Cl die Rede, gemeint ist aber ^{37}Cl, da zwar ^{36}Cl als kosmogenes Nuklid in der Natur in geringen Mengen vorkommt, aber keineswegs die Ursache der Doppellinien im Rotations-Schwingungsspektrum des HCl sein kann (Verhältnis der reduzierten Massen wäre 0,9992 für $H^{35}Cl$ und $H^{36}Cl$), wie überhaupt die Abb. 3-49 diese Aufspaltung nicht sehr überzeugend wiedergibt (mit zu breitem Spalt aufgenommen). Daß es verlockend sein dürfte, nach der ausreichenden Darstellung des *Eyring*schen Formalismus der absoluten Reaktionsgeschwindigkeiten noch den einen Schritt bis zur Theorie der Isotopieeffekte zu vollziehen, möge man vom Gesichtspunkt der Isotopenchemie nachsehen; es finden auch die Thermodiffusion, die *Rayleigh*-Destillation, Isotopenaustausch-Reaktionen und andere Methoden der Isotopentrennung keine Erwähnung. Ferner dürfte ein kurzer Abschnitt über irreversible Thermodynamik dem anspruchsvollen Anliegen des Lehrbuches noch besser gerecht werden.

Welch eine lange Reihe von Namen müßte heute *van't Hoff* anführen, um den ungeheuren Wissenszuwachs zuzuordnen — das vorliegende Lehrbuch zeugt davon. Es ist ein modernes Lehrbuch, da es sehr zum Ein- und Mitdenken anregt, und es nimmt dem Leser an vielen Stellen die manchmal gedanklich schwer zugänglichen Formeln und Beweise mit leichter Mühe ab — der Lernende und Studierende wird dafür dankbar sein.

Daß es dem Benutzer überlassen ist, wie tief und detailliert er in das Dargebotene eindringen will (oder muß), ist durch die Zweiteilung des Stoffes ein besonderer Vorteil und orientiert sich sozusagen am Bedarf und am Bedürfnis des Nutzers. Dies wird ein breiter Leserkreis zu schätzen wissen.

H. Hübner

V. Friedrich

Beispiele der Anwendung radioaktiver Isotope im Umweltschutz (*in Englisch*)

Isotopenpraxis 19 (1983) H. 7, S. 241 bis 242
– Abb., – Tab., 3 Lit.

Ein Tracer-Verfahren, bei dem ^{82}Br als Leitisotop für die Ermittlung der durchschnittlichen Verweilzeit von Abwasser in einem für das Abwasserbehandlungssystem eines chemischen Betriebes gebauten Reservoirs mit einem Fassungsvermögen von 100000 m^3 eingesetzt wurde, wird vorgestellt. Die Analyse der Aktivität des abgeleiteten Wassers als Funktion der Zeit lieferte wichtige Informationen über die hydraulische Charakteristik des Reservoirs. Laborversuche und in-situ-Experimente wurden durchgeführt, um die Eignung des Tracer-Verfahrens für die Ermittlung der Grundwasser-Strömungsgeschwindigkeit und -richtung zu ermitteln. Es wurden Einkanal- und Zweikanal-Verfahren mit ^{82}Br und ^{131}I als Tracer-Isotope angewandt. Die Ergebnisse waren hydrogeologischen Daten vergleichbar.

V. Friedrich

Examples for Radioisotope Application in Environment Protection (*in English*)

Isotopenpraxis 19 (1983) No. 7, p. 241 to 242
– Fig., – Tab., 3 Ref.

A radiotracer method using ^{82}Br as tracer isotope was applied to determine the average residence time of the wastewater in a basin of 100000 m^3 volume, constructed for the wastewater treatment system of a chemical factory. The analysis of the outlet water activity vs. time curves provided important informations concerning the hydraulic characteristics of the basin.
Laboratory and in situ experiments were performed to test the applicability of the radiotracer method for determination of ground water flow rate and direction. Single well and double well techniques were used, with ^{82}Br and ^{131}I as tracer isotopes. The results were comparable to hydrogeologic data.

J. Starý, A. Zeman, B. Havlik

Radioaktive Nuklide für die Untersuchung der Anreicherung toxischer Elemente in Algen und Fischen (*in Englisch*)

Isotopenpraxis 19 (1983) H. 7, S. 243 bis 244
– Abb., 1 Tab., 9 Lit.

Radioaktive Nuklide eignen sich gut für die Untersuchung der Anreicherung toxischer Elemente in Algen und Fischen. Die vorliegende Arbeit stellt einen Überblick über die wichtigsten erzielten Ergebnisse der Untersuchung der Anreicherung, Freisetzung und chemischen Umsetzung von $^{51}Cr(III)(VI)$, ^{65}Zn, $^{74}As(III)(V)$, $CH_3{}^{74}AsO(OH)_2$, $(CH_3)_2{}^{74}AsO(OH)$, $(CH_3)_3{}^{74}As$, ^{85}Sr, ^{86}Rb, ^{115m}Cd, ^{133}Ba, ^{137}Cs, $^{203}Hg(II)$, $CH_3{}^{203}HgCl$ und $C_6H_5{}^{203}HgCl$ in Algen und Fischen dar.

J. Starý, A. Zeman, B. Havlik

Radionuclides in the Investigation of the Cumulation of Toxic Elements on Alga and Fish (*in English*)

Isotopenpraxis 19 (1983) No. 7, p. 243 to 244
– Fig., 1 Tab., 9 Ref.

Radionuclides are very suitable for the investigation of cumulation of toxic elements on alga and fish. The present paper surveys the most important results obtained using $^{51}Cr(III)(VI)$, ^{65}Zn, $^{74}As(III)(V)$, $CH_3{}^{74}AsO(OH)_2$, $(CH_3)_2{}^{74}AsO(OH)$, $(CH_3)_3{}^{74}As$, ^{85}Sr, ^{86}Rb, ^{115m}Cd, ^{133}Ba, ^{137}Cs, $^{203}Hg(II)$, $CH_3{}^{203}HgCl$ and $C_6H_5{}^{203}HgCl$ for the study of the cumulation, release and chemical transformation of the above species on alga and fish.

Kurze Originalmitteilungen

M. F. Abdel-Wahab, F. B. S. Wehaish, S. F. El-Mougy

Exogene ^3H-Thymidin- und Protein-Synthese in trächtigen Meerschweinchen (*in Englisch*)

Isotopenpraxis 19 (1983) H. 7, S. 245 bis 247
– Abb., 2 Tab., 12 Lit.

K. Mauersberger

Zur Auswertung von *Fricke*-Dosimetern

Isotopenpraxis 19 (1983) H. 7, S. 247 bis 248
– Abb., – Tab., 1 Lit.

Informationen

Isotopenpraxis 19 (1983) H. 7, S. 248 bis 254

Buchbesprechungen

Isotopenpraxis 19 (1983) H. 7, S. 254 bis 256

Letters to the Editor

M. F. Abdel-Wahab, F. B. S. Wehaish, S. F. El-Mougy

Exogenous ^3H-Thymidine and Protein Synthesis in Pregnant Guinea-Pigs (*in English*)

Isotopenpraxis 19 (1983) No. 7, p. 245 to 247
– Fig., 2 Tab., 12 Ref.

K. Mauersberger

On the Evalution of *Fricke* Dosemeters

Isotopenpraxis 19 (1983) No. 7, p. 247 to 248
– Fig., – Tab., 1 Ref.

Information

Isotopenpraxis 19 (1983) No. 7, p. 248 to 254

New Books

Isotopenpraxis 19 (1983) No. 7, p. 254 to 256

Contents of this Issue

Articles

Letters to the Editor

Indexed in Current Contents/PC & ES
Science Citation Index
and INIS Atomindex

MIX
Papier | Fördert gute Waldnutzung
FSC® C083411

Zeitfracht Medien GmbH
Ferdinand-Jühlke-Straße 7
99095 Erfurt, Deutschland
produktsicherheit@kolibri360.de